# SPSS
## 통계분석
## 워크북

KB139857

## SPSS
## 통계분석
## 워크북

**초판인쇄** 2017년 6월 5일
**초판발행** 2017년 6월 5일

**지은이** 이정기
**펴낸이** 채종준
**기 획** 양동훈
**디자인** 조은아
**마케팅** 송대호

**펴낸곳** 한국학술정보(주)
**주소** 경기도 파주시 회동길 230 (문발동)
**전화** 031 908 3181(대표)
**팩스** 031 908 3189
**홈페이지** http://ebook.kstudy.com
**E-mail** 출판사업부 publish@kstudy.com
**등록** 제일산—115호(2000. 6. 19)

ISBN 978-89-268-7912-2 93310

사회과학
IBM SPSS Statistics
논문을 위한

# SPSS
# 통계분석
# 워크북

이정기 지음 ▼

한국학술정보

## 서문

통계 소프트웨어는 각종 사회현상을 어렵지 않게 이해하는 데 도움을 준다. IBM SPSS는 그 가운데 가장 대표적인 통계 소프트웨어다. SPSS의 가장 큰 장점은 어렵지 않다는 것에 있다. SPSS는 수학에 대한 전문적인 지식이 없는 사람도 통계분석을 가능케 한다. 통계에 대한 기초적인 학습, SPSS 매뉴얼에 대한 기본적인 이해만 있다면 누구나 어렵지 않게 SPSS 프로그램을 활용하여 통계분석을 할 수 있다. 그러나 다루기가 매우 쉬운 프로그램임에도 불구하고 SPSS에 대한 활용에 어려움을 겪는 사람들이 있다.

SPSS 프로그램 활용의 어려움은 SPSS 프로그램을 통계(수학)로 이해하는 학습자들에게서 주로 나타난다. 물론 SPSS 프로그램은 기본적으로 통계분석을 위해 설계된 소프트웨어다. 그러나 기본적으로 SPSS 프로그램은 통계분석 과정의 용이성을 높이기 위해 만들어진 소프트웨어다. SPSS 프로그램은 어려운 수식을 대신 연산하여 처리해준다. 따라서 SPSS 프로그램을 다루는 사람이 익혀야 할 내용은 각종 연구방법론의 기초 이론적 개념과 SPSS 프로그램의 어떠한 매뉴얼을 통해 각종 통계분석을 할 수 있는지에 대한 부분, 통계분석 결과 도출된 표를 읽고 해석할 수 있는 능력이면 충분하다.

이 책은 통계이론, 통계원리, 통계공식과 같은 통계적 지식에 대해 이야기하고자 한 책이 아니다. 따라서 통계의 이론과 개념에 대한 내용은 SPSS 프로그램 활용을 위해 필요한 최소한의 내용으로 한정하였다. 대신 이 책에는 SPSS 프로그램을 활용하는 방법과 SPSS 프로그램을 활용하여 논문을 쓰는 실용적인 지식이 담겨 있다. 구체적으로 이 책에는 실제 SPSS 프로그램을 활용하여 쓰인 논문이나 표를 읽고 해석하는 방법, 어떠한 연구 상황에서 어떠한 통계기법을 활용해야 적절한가 하는 부분, 실증적인 연구(보고서 작성, 논문 작성 등)를 수행하는 데 필요한 기술적 방법론이 담겨 있다. 결과적으로 이 책은 단순히 SPSS를 통해 통계분석을 하려고 하는 사람보다는 SPSS 프로그램을 활용하여 논문을 쓰고자 하는 사람들에게 많은 도움을 줄 수 있을 것으로 생각한다. 아무쪼록 이 책이 졸업 논문이나 학술지 논문을 쓰고자 하는 학부생이나 대학원생, 그리고 수준 높은 보고서를 쓰고자 하는 일반인(직장인)들이 어렵지 않게 SPSS 프로그램을 이해하고 활용하는 데 도움을 줄 수 있기를 기대한다. 아울러 학부생, 대학원생에게 SPSS 통계분석 기법에 기반을 둔 논문 작성 교육을 수행코자 하는 교수님들에게 도움을 줄 수 있기를 기대한다.

# 목차

서문 005
이 책의 구성 009
이 책의 활용 및 감사의 말 010

**PART 1.**

**통계분석을 위한
개념 다지기**

1. 통계란 무엇인가 014
  1) 통계의 정의 014
  2) 통계의 유형 015
  3) 연역법과 귀납법 015
  4) 질적 연구와 양적 연구 016
  5) 양적 연구의 유형별 장점 018
  6) 좋은 통계란 무엇일까 019

2. SPSS를 위한 기초통계 개념 020
  1) 표본과 표집 020
  2) 독립변인 vs 종속변인 021
  3) 개념적 정의 vs 조작적 정의 022
  4) 신뢰도 vs 타당도 023
  5) 척도 024
  6) 연구문제 vs 연구가설 027
  7) 연구가설 vs 영가설 029
  8) 유의수준과 P값 030

**PART 2.**

**SPSS 기초분석**

3. SPSS 기초 이해 1 034
  1) SPSS 통계 패키지의 이해 034
  2) 코딩 040
  3) 역코딩 046

**4. SPSS 기초 이해 2**     052

  1) 신뢰도 분석     052

  2) 합산평균 지수의 구성     058

  3) 평균값 분리     066

  4) 케이스 선택     080

  5) 실습 과제     084

**PART 3.**

SPSS 통계분석

**5. 기초통계분석과 교차분석**     088

  1) 개념     088

  2) 기초통계분석 방법과 사례     089

  3) 교차분석 방법과 사례     094

  4) 실습 과제     101

**6. t검정의 이해**     104

  1) 개념     104

  2) 독립표본 t검정 방법과 사례     105

  3) 대응표본 t검정 방법과 사례     112

  4) 실습 과제     117

**7. ANOVA의 이해**     120

  1) 개념     120

  2) One-Way ANOVA 방법과 사례     122

  3) Two-Way ANOVA 방법과 사례     131

  4) 실습 과제     139

**8. 탐색적 요인분석의 이해**     143

  1) 개념     143

2) 탐색적 요인분석의 방법과 사례   145

3) 실습 과제   161


**9. 상관관계 분석의 이해**   164

1) 개념   164

2) 단순, 다중 상관관계 분석 방법과 사례   167

3) 편 상관관계 분석 방법과 사례   173

4) 실습 과제   176


**10. 회귀분석의 이해**   181

1) 개념   181

2) 단순, 다중 회귀분석 방법과 사례   184

3) 위계적 회귀분석 방법과 사례   195

4) 실습 과제   204

PART 4.

최종 실습

**11. 실전 문제**   208


참고문헌   225

## 이 책의 구성

이 책은 총 4개 파트에 11개 챕터(장)로 구성되었다. 파트 1은 '통계분석을 위한 개념 다지기'로 통계에 대한 개념을 설명한 2개 장(1~2)으로 구성되었다. 아울러 파트 2는 'SPSS 기초분석'으로, SPSS의 개념과 SPSS 기초통계분석 방법을 설명한 2개 장(3~4)으로 구성되었다. 파트 3은 'SPSS 통계분석'으로 SPSS를 활용한 본격적인 통계분석 과정을 설명한 6개 장(5~10)으로 구성되었다. 마지막으로 파트 4는 연습문제가 담겨 있는 1개 장(11)으로 구성되었다.

보다 구체적으로 파트 1의 1장을 통해서는 통계가 무엇인지에 대해 개념적인 설명을 하였다. 예컨대 통계의 정의, 사회통계의 정의, 통계의 유형, 바람직한 통계의 정의, 양적 연구의 특성 등에 대해 설명하였다. 2장을 통해서는 SPSS를 위한 기초통계 개념을 설명하였다. 예컨대 표본과 표집, 독립변인과 종속변인, 개념적 정의와 조작적 정의, 신뢰도와 타당도, 척도, P값, 연구문제와 연구가설과 같이 SPSS 프로그램 활용을 위해 반드시 알아야 할 기초적 통계(방법론) 개념을 설명하였다.

파트 2의 3장을 통해서는 SPSS 프로그램을 이해하기 위한 기초과정으로 코딩의 방법, 역코딩의 방법 등에 대해 설명하였다. 4장을 통해서는 합산평균 지수를 구성하는 방법, 신뢰도 분석을 하는 방법, 평균값 분리를 하는 방법, 케이스 선택 방법 등에 대해 설명하였다.

파트 3에서는 본격적인 통계분석 방법에 대해 설명하였다. 5장에서는 기초통계분석(빈도분석 등)과 교차분석, 6장에서는 t검정(t-test), 7장에서는 ANOVA, 8장에서는 탐색적 요인분석, 9장에서는 상관관계 분석, 10장에서는 회귀분석에 대해 설명하였다. 파트 3은 개념 설명, 검정 방법과 사례(SPSS 분석 방법, 분석 사례, 논문 사례), 실습 과제 등을 제시함으로써 SPSS 통계분석과 논문 작성법을 유기적으로 연결하고자 노력하였다.

파트 4는 최종 실습 문제를 제시하였다. 파트 4를 온전히 풀어낼 수 있는 사람이라면 이 책을 제대로 이해했다고 해도 무방하다.

## 이 책의 활용 및 감사의 말

이 책은 2017년 2월에 발간된 《이정기처럼 사회과학 논문 쓰기》에 이은 저자의 논문 작성 노하우가 담긴 '논문 작성 가이드북 시리즈'의 두 번째 책이다. 따라서 설문조사를 통해 양적으로 사회과학 논문을 쓰길 원하시는 분들께서는 이 책을 《이정기처럼 사회과학 논문 쓰기》와 함께 읽으시길 기대한다. 《이정기처럼 사회과학 논문 쓰기》에는 논문의 구조와 논문 쓰기의 절차를, 《사회과학 논문을 위한 SPSS 통계분석 워크북》은 실제로 통계분석을 수행하는 방법과 통계분석 결과를 논문에 옮기는 방법론에 대해 설명하고 있기 때문이다.

물론 학과에 따라 편차가 있을 수 있지만 이 책을 읽고 꾸준히 연습한다면 석사학위 논문, 박사학위 논문은 물론 전문 학술지 논문에 나오는 상당수의 표를 읽고 해석할 수 있을 것이다. 아울러 일부 구조방정식, 빅데이터 활용 통계분석 등을 제외한 대부분의 통계분석을 실제로 수행해낼 수 있을 것이다. 일반적으로 학사학위 논문과 석사학위 논문에서는 구조방정식, 빅데이터를 활용한 통계분석이 많이 이루어지지는 않는다. 따라서 이 책에서 제시한 통계방법론을 잘 이해해낸다면, 대부분의 학사, 석사학위 논문을 작성해낼 수 있을 것이라고 확신한다.

이 책은 앞으로 출간될 저자의 다양한 통계방법론 책 가운데 첫 번째 책으로, 통계활용-기초 편에 해당하는 부분이다. 따라서 만약 이 책에서 제시한 통계기법 이외의 고급 통계기법을 활용하여 논문 쓰기를 원하시는 분들께서는 저자가 기획 중인 다음 책이나 구조방정식, 빅데이터 활용 논문 쓰기 관련 저서를 활용해보길 기대해본다.

부족한 책이지만 이 책이 빛을 볼 수 있게 된 것은 한국과 대만의 가족[이명원, 배선옥, 이정홍, 이지영, 이수진, 황석경(黃錫卿), 소벽란(蘇碧鑾), 황가굉(黃嘉宏)]들과 박사과정 중인 아내 황우념(黃于恬)의 지지와 사랑이 있었기에 가능했다고 생각한다. 아울러 한양대학교 교무처 교수학습지원센터 이종필 센터장님, 윤승석 선생님, 전동표 박사님, 박선민 연구원님, 최창규 선생님, 이인범 선생님, 강시내 선생님의 협조가 있었기에 가능했다고 생각한다. 깊은 감사의 말씀을 드린다. 끝으로 이 책이 빛을 볼 수 있도록 기회를 주시고, 열정적으로 도움을 주신 ㈜한국학술정보 편집부 선생님들께도 특별한 감사의 마음을 전한다.

　이 책에서 활용된 데이터와 실습용 데이터는 모두 3종이다. 첫 번째 데이터는 '1. 팟캐스트 광고 데이터 저서용'이라는 파일이다. 이 책에서 예시를 든 모든 사례는 이 파일을 활용하여 분석하였다. 두 번째 데이터는 '2. 스마트폰 중독 데이터'라는 파일이다. 이 책의 '실습 과제'를 수행하기 위해 필요한 파일이다. 세 번째 데이터는 '3. 팟캐스트 정치 실습용 데이터'다. 이 책의 파트 4(11장)인 '최종 실습' 문제를 풀기 위해 필요한 파일이다. 모두 실제 저자의 논문에서 활용된 데이터로 저자의 공식 블로그(https://blog.naver.com/solid8181) 'SPSS 통계분석 워크북 자료-데이터'에서 내려받을 수 있다.

| Part 1. | 통계분석을 위한 개념 다지기 |

## 1 │ 통계란 무엇인가

### 1) 통계의 정의

두산백과사전 두피디아에 따르면 통계란 "사회집단 또는 자연집단의 상황을 숫자로 나타낸 것"을 의미한다. 즉 통계는 "집단에 관한 것"이다. 결과적으로 필자의 부모님인 이명원, 배선옥 씨의 키, 국내의 대표적인 재벌인 이재용 씨의 재산과 같은 개인이나 객체에 대한 수적 기술은 통계로 볼 수 없다(두피디아a, 2016.10.26. 검색).

그렇다면 사회통계란 무엇일까. 사회통계란 "사회관계·사회현상에서의 합법칙성을 양적으로 포착하여 통계화하는 것"으로 정의된다. 사회통계의 목적은 4가지로 요약된다. "어떤 특질을 공간적인 셈으로 그 범위를 발견하려는 목적, 어떤 특질이 시간적으로 일정한 간격을 두고 일어나는 것을 비교·고찰함으로써 그 경향이나 방향을 발견하려는 목적, 어떤 특질을 지역적으로 비교·고찰함으로써 그 분포상태를 발견하려는 목적, 어떤 특질이 시간적·주기적·집중적으로 발생하는 빈도를 측정하려는 목적, 또는 그들의 복합적인 목적"등이 그것이다(두피디아b, 2016.10.26. 검색). 사회통계는 복잡한 사회현상을 간단하게 요약해준다는 것, 각종 사회의 변화 추세를 파악하기 용이하게 해준다는 것, 다양한 집단 간의 차이를 한눈에 확인할 수 있도록 해준다는 것, 과거와 현재의 데이터를 통해 미래의 변화를 예측하기 쉽게 해준다는 것, 과거 진행했거나 현재 진행 중인 정책에 대한 평가를 가능케 해주고, 미래 정책 목표 설정의 기초자료로써 활용할 수 있게 해준다는 것 등에서 의의를 가진다고 하겠다.

## 2) 통계의 유형

우수명(2013)에 따르면 통계는 기능에 따라 기술통계와 추리통계로 구분된다. 기술통계는 수량을 있는 그대로 제시하는 방법이다. 빈도, 백분율, 표준편차와 평균, 상관관계 등이 기술통계에 해당된다. 추리통계는 모집단에서 자료를 추출하여 모집단의 특성을 예측하거나 가설을 검정하는 방법을 의미한다. t검정, 변량분석(ANOVA), 회귀분석이 추리통계에 해당된다(우수명, 2013, 34쪽).

예컨대 인구가 10만 명인 특정 지역구에서 투표를 마친 1,000명의 유권자에 대한 출구조사를 수행했고, 출구조사에 기반하여 예상 득표율을 공개했다고 가정해보자. 구체적으로 A 후보의 지지율은 35%였고, B 후보의 지지율은 25%였다. 표본오차는 95%, 신뢰수준은 3%였다. 이 통계치는 기술통계에 근거한 것일까 추리통계에 근거한 것일까. 다른 예를 들어보자. 2016년 우리나라의 애플 아이폰 구매자는 000명이었다. 이는 기술통계에 근거한 것일까 추리통계에 근거한 것일까. 전자는 추리통계, 후자는 기술통계의 대표적 사례로 볼 수 있다.

한편, 통계는 변수의 개수에 따라 일원적 통계분석과 다원적 통계분석으로 구분할 수 있다. 일원적 통계분석은 하나의 변수를 활용하는 방식을 다원적 통계분석은 두 개 이상의 변수를 동시에 활용하는 방식을 의미한다. 통계 주체에 따라 국가통계와 민간통계로 구분할 수도 있다. 국가통계는 말 그대로 정부기관인 통계청 주도의 조사를 의미한다. 민간통계는 민간의 기업이나 연구소 등이 주가 되어 이루어지는 통계를 의미한다.

## 3) 연역법과 귀납법

연역법과 귀납법, 초 · 중 · 고등학교 시절 무수히 많이 들어왔던 개념일 것이다. 그렇다면 연역법은 무엇인가. 연역법은 보편적인 원리(이론)를 통해 사회의 각종 현상을 설명하는 방법을 의미한다. 예컨대 한 연구자가 문화계발효과이론(Cultivation theory)을 검토한 후 "인권영화를 많이 볼수록 인권감수성이 예민할 것이다"라는 가설을 세웠다고 가정해보자. 이후 연구자는 설문조사를 통해 인권영화 시청자와 비시청자의 인권감수성의 차이를 검증하고, 가설이 검증되었음을 확인했다. 이 연구자는 연역법적 사고로 연구를 진행한 사람이라고 할 수 있다.

그렇다면 귀납법은 무엇인가. 귀납법은 관찰과 경험에 근거하여 특정 사회현상을 설명하는 방법을 의미한다. 연역법이 이론을 통해 사회의 현상을 설명해내는 방식이라면, 귀납법은 관찰을 통해 이론을 이끌어내는 방식이라는 점에서 차이가 있다고 하겠다. 예컨대 촛불집회 현장이 폭력적인가에 대한 주제를 선정한 연구자가 있다고 가정해보자. 이후 연구자는 집회 현장에 수차례 방문하여 촛불집회 현장을 스케치할 것이다. 이후 촛불집회 현장이 폭력적이지 않다(혹은 폭력적이다)는 결론을 내렸다. 이 연구자는 귀납법적 사고로 연구를 진행한 사람이라고 할 수 있다. 연구자가 연역법적인 생각으로 사고할 경우 통계를 활용한 연구, 즉 양적 연구가 가능하다. 반면 연구자가 귀납법적인 생각으로 사고할 경우 심층인터뷰, 참여관찰 등의 기법을 활용한 연구, 즉 질적 연구가 가능하다.


### 4) 질적 연구와 양적 연구

질적 연구는 연구자의 직관과 통찰력을 활용하여 사회 각 현상을 관찰하고, 해석하고, 이해하려는 연구방법을 의미한다. 대표적인 연구방법은 심층인터뷰, FGI(Focus Group Interview), 참여관찰 등이 있다. 반면, 양적 연구는 경험적 자료를 수집하고 계량화하여 사회현상을 이해하려는 통계적 연구방법을 의미한다. 숫자, 통계치, 서베이를 활용한 대부분의 연구가 양적 연구다. 전술했든 질적 연구는 귀납적 연구를, 양적 연구는 연역적 연구와 밀접한 관련성을 가진다.

한편, 질적 연구는 비판적 연구로 구분할 수 있고, 양적 연구는 행정적 연구로 구분할 수 있다. 행정적 연구는 명확히 규정된 목표의 달성을 위해 수행되는 연구다. 현재의 경제적, 사회적 문제해결을 위해 수행된다. 가치중립적 연구이고, 실증주의적 연구로 귀결

되는 이유이다. 반면, 비판적 연구는 규정된 목표의 달성보다 특정 문제의 사회적 원인과 사회적 영향력에 천착하는 연구이다. 개별현상을 개별적으로 이해하는 것이 아니라 사회적 현상으로 이해하려는 특성을 가지는 형태의 연구인 것이다(이정기, 2017, 6~7쪽, 재인용).

예컨대 청소년들의 게임 중독이 심각한 상황이라고 가정해보자. 아울러 연구자들이 청소년 게임 중독을 방지하기 위한 정책을 찾는다고 가정해보자. 이 문제에 대한 양적 연구자와 질적 연구자의 설계는 다소 다를 수 있다. 예컨대 양적 연구자는 기존 연구의 검토를 통해 청소년 게임 중독이 학업성취도와 폭력성 증가 등의 문제를 야기할 수 있음을 가정하고 서베이를 통해 이러한 관련성을 검증할 수 있다. 아울러 이러한 문제를 해결하기 위한 하나의 대안으로 정치권에서 논의되고 있는 셧다운제를 도입할 경우의 게임 중독 감소율을 예측해 낼 수 있을 것이다. 만약 셧다운제도가 청소년 게임 중독률 예방에 도움이 되고, 학업 성취도에 조금의 도움이라도 이끌어낼 수 있다면 셧다운제도가 유용한 정책이라고 제안할 수 있을 것이다. 즉 양적 연구자들은 연역적인 방법으로 현안의 문제에 접근하고, 현재의 시스템에 손상을 주지 않으면서 가치중립적으로 문제를 해결해 내기 위한 방법을 찾아갈 것이다. 반면, 질적 연구자는 청소년들이 게임에 빠질 수밖에 없는 구조적 문제를 해결하지 않는 이상 청소년들의 게임 중독의 문제가 해결되지 않을 것이라고 주장할 수 있다. 게임 중독의 문제에 빠진 청소들과의 인터뷰 등을 통해 청소년들이 게임 중독에 빠질 수밖에 없었던 구조적인 문제에 대해 탐색하게 될 것이다. 이후 각종 학교 교육제도의 문제, 청소년 놀이문화의 부재 등과 같은 사회적 제도의 문제와 함께 청소년 게임 중독의 문제를 바라봐야 한다는 결론을 내릴 수 있을 것이다. 즉 질적 연구자들은 귀납적인 방법을 통해 현안의 문제에 접근하고, 현재의 시스템 변화를 통해 문제해결을 해야 할 것이라고 주장하게 될 것이다.

결과적으로 질적 연구는 귀납적 연구, 비판적 연구와 함께 정의될 수 있다. 그렇다면 질적 연구의 장점은 무엇일까. 질적 연구는 사회의 각종 현상을 있는 그대로 묘사할 수 있다는 측면에서 강점이 있다. 새로운 사실과 이론의 발견에도 용이하다. 반면, 질적 연구는 조사자가 측정도구이자 분석도구가 되기 때문에 주관성 개입의 문제에서 자유로울 수 없다. 연구결과의 신뢰도에 대한 문제제기가 이루어질 수 있다는 것이다. 한편, 양적 연구는 자료수집과 분석의 객관성을 확보할 수 있다는 측면에서 강점이 있다. 반면, 조사연구의 대상을 측정 가능한 요소만으로 한정하고 있다는 점, 통제된 상태에서의 관찰결과만을 제시할 수 있고, 자연스러운 상황에서의 검증이 어렵다는 문제에서 자유로울 수 없다. 이론에 의한 현상의 검증 이외에 새로운 이론이나 현상의 발견에 어려움이 있을 수 있다는 것이다.

### 5) 양적 연구의 유형별 장점

양적 연구는 서베이 연구와 실험 연구로 대표된다. 서베이 연구는 연구문제를 현실 상황에서 조사한다는 측면, 수집되는 정보량을 고려할 때 비용이 저렴하다는 측면, 많은 자료를 어렵지 않게 수집할 수 있다는 측면, 지리적 제한이 없는 조사가 가능하다는 측면, 연구에 도움이 되는 기존의 자료(통계청의 각종 통계 자료, 시청률 자료 등과 같은 2차 자료)들을 활용한 연구가 가능하다는 측면에서 강점이 있다. 반면, 인과관계의 완벽한 통제가 불가능한 상황에서 연구가 진행된다는 측면, 설문표현 방식이나 문항의 배열에 따라 연구결과가 왜곡될 가능성이 있다는 측면, 잘못된 응답자에 의해 서베이 결과가 왜곡될 수 있다는 측면, 서베이 실행상의 어려움이 있을 수 있다는 측면에서 약점을 갖는다(로저 D. 위머·조셉 R. 도미니크, 유재천·김동규 역, 2009, 200~201쪽). 아울러 실험 연구는 인과관계가 명료하고, 변인 통제가 용이하다는 점, 적은 샘플로 연구가 가능하다는 측면에서 강점을 가진다. 반면 실험상황 자체가 인위적일 수 있고, 연구자의 편견이 반영될 수 있으며, 일반화 가능성의 문제를 가지고 있다는 측면에서 한계를 가진다(로저 D. 위머·조셉 R. 도미니크, 유재천·김동규 역, 2009, 256~257쪽).

## 6) 좋은 통계란 무엇일까

좋은 통계란 무엇일까. 첫째, 신뢰할 수 있을 만한 통계다. 통계는 숫자로 이루어지기 때문에 조작의 문제에서 자유롭지 않다. 해마다 선거철이면 통계치를 조작하여 선거법 위반으로 처벌받는 사람들을 보게 된다. 조작되지 않은 통계, 반복 측정했을 때 같은 연구결과가 도출될 수 있는 통계가 좋은 통계라고 할 수 있다. 둘째, 타당성 있는 통계다. 예컨대 몸무게를 줄자로 측정할 수는 없는 일이다. 측정하고자 하는 바를 정확한 방법으로 측정해야 타당성을 확보할 수 있고, 좋은 통계치가 산출될 수 있다. 셋째, 현실을 잘 반영해 내는 통계다. 사회의 각종 현안을 사람들에게 바르게 전달해 줄 수 있는 통계가 가치 있는 통계라고 할 수 있다. 넷째, 미래를 잘 예측해 내는 통계다. 통계의 장점 중 하나는 누적된 과거의 자료를 통해 미래를 예측게 해준다는 점에 있다. 다섯째, 산출방법과 결과가 투명하게 공개된 통계다. 데이터와 함께 산출방법과 결과를 투명하게 공개하면 연구결과의 신뢰성이 확보될 수 있다. 신뢰도가 담보된 통계는 좋은 통계가 될 최소한의 요건을 갖춘 통계라 할 수 있다.

---

**강의 정리**
1. 양적 연구와 질적 연구의 개념과 장단점을 논하시오.
2. 행정적 연구와 비판적 연구의 개념과 장단점을 논하시오.

| **2** | SPSS를 위한 기초통계 개념 |

## 1) 표본과 표집

### (1) 모집단과 표본

모집단은 전체 집단을 의미한다. 예컨대 고등학생의 스마트폰 중독 연구에서 모집단은 전체 고등학생이다. 아울러 한국인의 페이스북 이용량 조사에서 모집단은 대한민국 전체 국민이다. 따라서 만약 고등학생의 스마트폰 중독 연구를 하려면 국내 고등학교에 재학 중인 학생 모두(모집단)를 대상으로 연구를 진행해야 하고, 한국인의 페이스북 이용량을 조사하려면 대한민국 전체 국민을 대상으로 페이스북 이용량을 조사해야 한다. 그러나 대부분의 연구자는 모집단을 대상으로 한 연구를 진행하지 못한다. 모집단을 대상으로 연구를 진행하기에는 너무 많은 비용이 들고, 너무 많은 시간이 필요하기 때문이다. 따라서 많은 연구자는 모집단을 대상으로 한 연구 대신 모집단에서 표본을 추출하여 연구를 진행한다.

즉 모집단을 대상으로 표본을 추출하는 일은 연구의 효율성 때문이다. 그러나 표본 추출의 과정은 필연적으로 연구결과의 일반화 가능성의 문제를 야기할 수 있다(우수명, 2013, 24쪽). 따라서 표본 추출의 성패는 추출된 표본이 모집단의 속성을 정확히 반영하는지 여부, 즉 대표성 여부에 달려 있다고 해도 과언이 아니다.

### (2) 표집의 유형

표본을 추출하는 방법, 즉 표집의 유형은 크게 확률 표집과 비확률 표집으로 구분할 수 있다. 아울러 확률 표집은 단순 무작위 표집, 계층적 표집, 층화 표집, 집락 표집으로 구분할 수 있고, 비확률 표집은 편의적 표집, 판단(유의) 표집, 할당 표집, 눈덩이 표집 등으로 구분할 수 있다.

먼저 확률 표집 방법 중 단순 무작위 표집 방법은 랜덤(임의) 추출법이라고도 불린다. 모집단의 각 요소나 사례들이 선택될 가능성이 동일하게 추출되는 방식이다. 계층적 표집은 전체 사례에 번호를 부여한 후 일정 표집 간격에 따라 표집을 하는 방식이다. 층화 표집은 모집단을 의미 있는 하위집단으로 구분한 후 하위집단에서 정해진 수만큼 무작위 표집을 하는 방식이다. 집락 표집은 모집단을 많은 집단으로 구분하고, 집락 가운데 표집대상의 집락을 추출한 후 그 집락에서만 표본을 추출하는 방식이다.

비확률 표집 방법 중 편의적 표집은 특정한 시간이나 공간, 이용자 등 연구자의 편의성에 근거하여 표집하는 방식을 의미한다. 판단(유의) 표집은 연구자의 목적에 부합하는 대상에 한정하여 의도적으로 표집하는 방식을 의미한다. 할당 표집은 표집대상의 조건(성, 연령, 학력 등)을 결정한 후 조건별로 일정 수만큼 표집수를 정한 이후 그 수만큼 표집하여 조사하는 방식을 의미한다. 눈덩이 표집은 특정 표집자에게 연구목적에 부합하는 사람을 소개받아 대상을 점차 확대해 가는 방식으로 질적 연구에서 주로 활용되는 표집방법이다(우수명, 2013, 25~26쪽).

## 2) 독립변인 vs 종속변인

독립변인은 원인이 되는 변인, 영향을 주는 변인, 시간적으로 종속변인에 비해 앞서 있는 변인으로 정의할 수 있다. 반면, 종속변인은 결과가 되는 변인, 영향을 받는 변인, 시간적으로 독립변인 이후의 변인으로 정의할 수 있다. 일반적으로 통계분석은 '독립변인 → 종속변인'의 흐름을 가진다.

**사례 1:**
변인: 스마트폰 이용량, 스마트폰 중독

가설: 스마트폰 이용량이 많을수록 스마트폰 중독 점수가 높을 것이다.

→ 여기에서 독립변인은 스마트폰 이용량, 종속변인은 스마트폰 중독 점수가 된다.


**사례 2:**

변인: 액션영화 시청량, 폭력성

가설: 액션영화 시청량이 많을수록 폭력성이 높아질 것이다.

→ 여기에서 독립변인은 액션영화 시청량, 종속변인은 폭력성이 된다.


즉 독립변인과 종속변인은 인과관계를 가진다고 볼 수 있다. 인과관계는 3가지의 조건을 가진다. 첫째, 시간적 선행성이다. 원인(독립변인)은 결과(종속변인)에 시간적으로 앞서 있어야 한다. 둘째, 공변성이다. 종속변인의 변화는 독립변인의 변화와 같이 나타나야 한다. 셋째, 제3의 요인에 의해 두 변인이 동시에 영향을 받으면 안 된다. 만약 원인과 결과를 명확하게 구분하기 어려울 경우 인과성을 검증하기보다는 상관성을 검증하는 것이 좋다.


### 3) 개념적 정의 vs 조작적 정의

개념적 정의와 조작적 정의는 사회과학 연구를 위해 반드시 숙지해야 할 개념이다. 첫째, 개념적 정의는 특정 사회의 현상을 일반화하여 나타내는 추상적 개념을 사전에 정의된 보편적인 언어로 정의하는 것을 의미한다. 자신이 정의한 변인의 내용을 공유하기 위해 연구자는 추상적인 언어가 아니라 구체적인 언어로 설명할 필요가 있다.

둘째, 조작적 정의는 조사하고자 하는 개념을 경험적, 가시적으로 측정하기 위해 필요한 구체적인 정의를 의미한다. 즉 조작적 정의는 개념적 정의에 기반을 두되 검증과정에서 관찰이 가능한 실제 현상과 연관 지음으로써 특정 개념을 측정 가능한 형태로 정의하는 것을 의미한다. 바람직한 조작적 정의는 신뢰도(reliability)와 타당도(validity)가 확보된 것이어야 한다. 여기에서 신뢰도란 '다른 연구에서 이 정의를 인용하여 활용할 수 있을 만한 것인가'를 의미하고, 타당도란 '개념적 정의를 통해 측정하고자 하는 바를 제대로 측정할 수 있을 것인가'를 의미한다. 개념적 정의의 신뢰도와 타당도를 확보하기 위한 편리한 방법은 선행연구 검토를 통해 연구자의 개념적 정의와 유사한 개념을 찾아내어 인용 후 활용하는 것이다.

예를 들어보자. '사랑'에 대해 연구하는 연구자가 있다고 가정해보자. 사랑의 개념적 정의는 무엇일까. 사전을 찾아보면, 사랑은 "어떤 존재를 몹시 아끼고 귀중히 여기는 마음"이라고 정의되어 있다. 즉 사랑의 개념적 정의는 "어떤 존재를 몹시 아끼고 귀중히 여기는 마음"이다. 다만, 사랑의 개념적 정의만으로는 서베이 과정을 통해 무엇인가를(예컨대 사랑의 영향력, 효과 등) 측정할 수는 없다. 그렇다면 연구자는 다양한 논문을 검색하여 사랑에 관한 조작적 정의를 찾아야 한다. 만약, 수많은 논문에서 사랑이 '포옹의 횟수'로 정의되었다고 가정해보자. 포옹 행위는 가시적으로 측정이 가능하다. 따라서 이 경우 포옹의 횟수는 사랑에 대한 조작적 정의가 될 수 있다. 다만, 특정 개념에 대한 조작적 정의가 반드시 1개로 수렴되지는 않는다. 연구자가 어떠한 선행연구를 검토했고, 어떠한 관점(사랑관)을 가지고 있는지에 따라서 사랑을 '배려행위의 횟수', '선물을 하는 횟수' 등으로 조작적 정의할 수도 있을 것이기 때문이다. 중요한 것은 앞서 언급했듯 조작적 정의는 최소한의 신뢰도와 타당도를 갖추고 있어야 하고, 논문이나 보고서에 명확히 출처와 개념을 기술할 수 있는 것이어야 한다는 것이다.

### 4) 신뢰도 vs 타당도

신뢰도(reliability)와 타당도(validity)는 설문조사를 활용한 연구에서 가장 중요한 개념 중 하나다. 사회과학연구에서 신뢰도와 타당도는 어느 하나라도 간과할 수 없다. 좋은 연구는 신뢰도와 타당도를 모두 확보해야 한다. 신뢰도는 측정의 수치적 오류를 평가하는 것이고, 타당도는 측정의 개념적 오류를 평가하는 것이라는 차이가 있다(류성진, 2013). 신뢰도란 두 명 이상의 관찰자가 각기 관찰해서 동일한 결과를 얻을 수 있는 정도, 혹은 한 연구자가 유사한 설문 문항을 반복적으로 측정했을 때, 동일한 결과를 얻을 수 있는 정도를 의미한다. 일반적으로 신뢰도는 SPSS 프로그램의 Reliability(Cronbach's alpha)를 통해 확인할 수 있다.

타당도란 연구자가 측정 목적을 정확하게 이행하고 있는지(즉 연구자의 설문항목이 측정하고자 한 것을 측정하고 있는가) 여부를 평가하는 것을 의미한다. 타당도 평가 방법에는 표면 타당도(face validity: 측정 동구에 대한 연구자의 첫인상), 내용 타당도(contents validity: 측정하고자 하는 구성, 개념의 속성을 완벽히 측정하고 있는지 평가), 기준-관련 타당도(criterion-related validity: 외부 측정도구를 기준으로 사용하고자 하는 도구의 관계를 비교함으로써 평가), 구성 타당도(construct validity: 검증된 이론 속 특정 구성을 측정하는 도구를 접목해 측정도구와 이론 간의 관계를 규명) 등이 있다. 표면 타당도와 내용 타당도는 주관성의 한계가 존재하지만 기준-관련 타당도와 구성 타당도는 상대적으로 객관적이라고 평가될 수 있다(류성진, 2013).

### 5) 척도

#### (1) 측정과 척도의 개념
측정은 현상이 가지고 있는 추상적인 특성을 정해진 규칙에 따라 경험할 수 있는 구체적인 사물과 연결하는 과정을 의미한다. 즉 통계분석을 하기 위해서 특정 대상을 수치화하는 과정을 측정으로 정의할 수 있다. 아울러 척도는 특정한 개념을 측정하기 위해 고안된 진술이나 질문사항을 의미한다.

#### (2) 척도의 구분
일반적으로 척도는 설문지상에 제시되는 형태에 따라 '개방형 질문'과 '폐쇄형 질문'으로 구분이 가능하다.

**개방형 질문 사례:** 귀하는 지난주에 텔레비전을 하루 평균 얼마나 시청하셨습니까?

약 ( )분

**폐쇄형 질문 사례:** 귀하는 지난주에 텔레비전을 얼마나 자주 시청하셨습니까?

① 전혀 시청하지 않았다.    ② 거의 시청하지 않았다.

③ 가끔 시청했다.            ④ 자주 시청했다.

⑤ 매우 자주 시청했다.


### (3) 측정의 수준

측정 수준(등급)은 명목척도(nominal scale), 서열척도(ordinal scale), 등간척도(interval scale), 비율척도(ratio scale)로 구분할 수 있다.


**명목척도:** 사람, 사물, 사건 분류의 목적으로 대상에 숫자 부여, 계량적 의미 없음.

예) 성별, 종교, 취미, 전화번호

**서열척도:** 어떤 사물의 속성에 대한 크기나 양의 적고 많음, 크고 작음의 순서를 비교할 수 있음. 다만, 두 수치 사이의 거리(간격)가 동일하지 않음.

예) 차량 크기(대형, 중형, 소형), 학력(초등학교, 중학교, 고등학교, 대학교, 대학원)

**등간척도:** 서열화된 척도인 동시에 범주 간의 간격이 동일하여, 수학적으로 가감(+, -)이 가능한 척도

예) IQ, 수학능력시험 성적(등급)

**비율척도:** 등간척도의 속성을 모두 가지고 있으면서, 절대 0점을 가진 척도, 수학적으로 가감승제(+, -, ×, ÷)가 가능한 척도

예) 수입, 키, 연령


**명목척도 사례:** 귀하의 성별은 무엇입니까?

① 남성  ② 여성

**서열척도 사례:** 귀하가 소유한 승용차의 크기는 어떠합니까?

① 소형  ② 중형  ③ 대형

**등간척도 사례:** 귀하는 지난주에 텔레비전을 얼마나 자주 시청하셨습니까?

① 전혀 시청하지 않았다.    ② 거의 시청하지 않았다.

③ 가끔 시청했다.          ④ 자주 시청했다.

⑤ 매우 자주 시청했다.

**비율척도 사례:** 귀하는 지난주에 텔레비전을 하루 평균 얼마나 시청하셨습니까?

약 (     )분


## (4) 폐쇄형 척도의 유형

폐쇄형 척도에는 리커트 척도(Likert scale), 의미분별 척도(Semantic Differential scale), 거트만 척도(Guttman scale), 서스톤 척도(Thurstone scale) 등이 있다. 리커트 척도는 사회과학 연구에서 가장 많이 쓰이는 척도다. 서열식의 응답 범주 설정이 특징이다. 예컨대 리커트 5점 척도(1: 전혀 그렇지 않다, 5: 매우 그렇다)로 5단계로 측정하는 것을 의미하고, 리커트 7점 척도 (1: 전혀 그렇지 않다, 7: 매우 그렇다)로 7단계로 측정하는 것을 의미한다(류성진, 2013).


**5점 리커트 척도의 사례:** 귀하는 스마트폰 사용에 대해 만족하십니까?

| 전혀 그렇지 않다 | 그렇지 않다 | 보통이다 | 그렇다 | 매우 그렇다 |
|---|---|---|---|---|
|  |  |  |  |  |


의미분별 척도는 응답자들에게 서로 반대되거나 대립되는 형용사를 양극단에 제시한 후, 그 사이에서 의견을 선택하게 하는 방식이다. 예컨대 의미분별 척도는 '약한(1점)-강한(5점)', '수동적(1점)-능동적(5점)', '아름다운(1점)-추한(5점)'이라는 항목을 제시한 후 응답자들에게 동의하는 정도에 체크할 수 있도록 한다.


의미분별 척도의 사례: 귀하는 한국의 이미지에 대해 어떻게 생각하십니까?

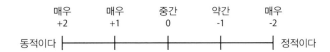

거트만 척도는 사회적 거리 척도라고 불린다. 예와 아니오로 구성된 이항 선택의 문항을 가지고 태도를 측정하기 위해 고안되었다. 강한 지표에 찬성한 사람은 약한 지표에도 찬성할 것이라는 가정을 가지고 있다. 예컨대 '자녀를 외국인과 결혼시키겠는가?'라는 1번 질문이 있고, '외국인을 지역사회에 살게 허용하겠는가?'라는 2번 질문이 있다고 가정했을 때, 1번에 동의하면, 2번에도 동의할 것이라는 전제를 가진 척도가 거트만 척도다.

서스톤 척도는 수많은 평가자에게 문항 간 구조를 판단케 한 후 타당도가 높은 문항을 추출하는 방식이다. 각 변수를 대변하는 진술문 가운데 핵심적인 질문에 심사위원이 가중치를 부여하는 방식인데, 주관성의 문제로 사회과학 연구에서 잘 활용되지는 않고 있다(류성진, 2013).

## 6) 연구문제 vs 연구가설

연구문제와 연구가설은 특정 논문이나 보고서에서 연구자가 분석하고 검증하고자 하는 궁금증이다. 즉 연구문제나 연구가설은 연구자가 평소에 관심을 가지고 있는 현상에 대한 문제의식(혹은 궁금증)이 문장의 형태로 기술된 것이라는 공통점을 가진다. 아울러 연구문제와 연구가설의 설정을 위해서는 선행연구 검토를 통해 해당 문제의식(궁금증)이 새로운 것인지, 혹은 가치 있는 것인지에 대한 확인 절차가 필요하다는 공통점을 가진다.

(1) 연구문제
연구문제는 특정한 연구논문이나 보고서에서 연구자가 탐색적으로 알기 원하는 내용을 의문문의 형태로 기술한 것이다. 예컨대 연구문제는 '정치/뉴스 팟캐스트 이용량은 정치참여 행위에 어떠한 영향을 미치는가?'와 같이 표현된다. 연구문제는 몇 가지 조건을 가진다.

구체적으로 연구문제의 조건은 3가지 정도로 요약할 수 있다. 첫째, 경험적 검증 가능성이다. 예컨대 '북한 대학생들의 정치/뉴스 팟캐스트 이용은 정치참여 행위에 어떠한 영향을 미치는가?'와 같은 연구문제는 연구문제로서의 형식은 갖추고 있으나 현실적으로 검증이 불가능하다. 따라서 바른 연구문제로 볼 수 없다. 둘째, 2개 이상의 변인에 대한 명확한 정의가 필요하다. 개념적, 조작적으로 정의되지 못한 변인 사이의 관계 설정으로는 연구문제가 성립하지 않는다. 셋째, 의문문의 형식으로 간단명료하게 서술되어야 한다. 다음으로는 연구문제의 유의사항이다. 즉 연구문제는 측정 가능성(자료수집이 가능한 질문인지 고려, 연구자의 능력, 비용 고려), 구체성(포괄적 질문보다 구체적 질문이 좋음), 명료성의 원칙에 충실하게 기술되어야 한다.


(2) 연구가설

연구가설은 특정한 연구논문이나 보고서에서 연구자가 이론(선행연구)에 근거하여 검증해보고자 하는 내용을 평서문의 형태로 기술한 것이다. 즉 연구가설은 연구자가 연구문제에 대한 잠정적 해답을 평서문의 형태로 기술한 것이다. 예컨대 연구문제는 '정치/뉴스 팟캐스트 이용량은 정치참여 행위에 정적(부적)인 영향을 미칠 것이다'와 같이 표현된다. 여기에서 정적이라는 것은 정치/뉴스 팟캐스트 이용량이 높아질수록 정치참여 행위가 높아진다는 것을 의미한다. 반대로 부적이라는 것은 정치/뉴스 팟캐스트 이용량이 낮아질수록 정치참여 행위가 높아진다는 것을 의미한다. 연구가설은 몇 가지 조건을 가진다.

구체적으로 연구가설의 조건은 6가지 정도로 요약할 수 있다. 첫째, 2개 이상 변인 사이의 예측을 담고 있는 진술문이어야 한다. 즉 변인 사이의 인과관계에 대한 명확한 기술이 필요하다. 둘째, 연구문제에 대한 잠정적 해답이 기술되어야 한다. 셋째, 이론적인 체계와 관련되어 있는 문장이어야 한다. 예컨대 이론에 근거하여 인과관계에 대한 기술이 이루어져야 하고, 그렇지 않다면 다수의 연구물에서 그 관련성을 짐작할 수 있는 경우, 선행연구에 근거하여 인과관계에 대한 기술이 이루어져야 한다. 넷째, 변인 사이의 관계 설정 시, 그 관계를 실증적으로 검증할 수 있는 것이어야 한다. 다섯째, 논리적으로 간단명료하게 표현되어야 한다. 여섯째, 긍정 또는 부정적 방향성이 명시되어야 하고, 평서문의 형태로 서술한다. '정치/뉴스 팟캐스트 이용량은 정치참여 행위에 영향을 미칠 것이다'와 같은 문장은 연구가설로 볼 수 없다. 방향성이 명시되어 있지 않기 때문이다.

### 7) 연구가설 vs 영가설

연구가설(대립가설, H1)이 설정되면, 실제 통계분석을 통해 연구가설이 지지되는지 기각되는지 여부를 확인하게 된다. 다만, 통계 프로그램은 연구가설의 지지와 기각 여부를 직접적으로 제시해주지 못한다. 대신 영가설(귀무가설, Ho)의 지지와 기각 여부를 제시해준다. 여기에서 연구가설은 대립가설이라고 불리기도 하고, 영가설은 귀무가설로 불리기도 한다.

연구가설(대립가설)이 'A와 B 변인 사이에는 유의미한 차이가 있을 것이다' 혹은 'A 변인은 B 변인에 정적인 영향을 미칠 것이다'와 같은 형태로 기술된다면, 영가설(귀무가설)은 'A와 B 변인 사이에는 유의미한 차이가 없을 것이다' 혹은 'A 변인은 B 변인에 유의미한 영향을 미치지 않을 것이다'와 같은 형태로 기술된다. 앞서 언급했듯 통계 프로그램은 영가설(귀무가설)이 지지되는지 혹은 기각되는지 여부를 제시해준다. 연구자는 영가설이 기각되면, 연구가설이 지지된다고 해석해야 하고[영가설 기각=연구가설 지지=집단 간 차이(영향) 있음], 영가설이 지지되면, 연구가설이 기각된다고 해석해야 한다[영가설 지지=연구가설 기각=집단 간 차이(영향) 없음].

**(1) 연구가설**(대립가설, H1): 실제 연구에서 검증(확인)하고자 하는 가설, 통계 프로그램이 인식하지 못하는 가설

**(2) 영가설**(귀무가설, **Ho**): 연구가설의 반대가설, 통계 프로그램이 인식하는 가설, 연구자는 영가설을 기각함으로써 연구가설을 채택하고자 함.

### 8) 유의수준과 P값

(1) 유의수준

유의수준(Significant level: Sig.)은 연구자가 통계분석 과정에서 오류를 범해도 된다고 인정한 수준(기준)을 의미한다. 유의수준은 .1, .05, .01, .001 등으로 구분된다. 1을 기준으로 .1은 오류수준이 10%라는 의미를 가지고 있다(즉 오류가 아닐 가능성이 90%). .05는 오류수준이 5%라는 의미를 가지고 있다(즉 오류가 아닐 가능성이 95%). .01은 오류수준이 1%라는 의미를 가지고 있다(즉 오류가 아닐 가능성이 99%). .001은 오류수준이 0.1%라는 의미를 가지고 있다(즉 오류가 아닐 가능성이 99.9%). 즉 유의수준이 낮을수록 오류가 낮은 엄밀한 통계치라고 볼 수 있다.

**사례 1:** 유의수준과 P값을 쉽게 이해하기 위해 예를 들어보자. 'A 지역의 고등학생들이 중학생들의 키보다 클 것이다'라는 연구가설이 있다고 가정해보자. A 지역에는 고등학생 100명, 중학생 100명이 살고 있다. 연구자 A는 고등학생 95%가 중학생에 비해 크다면 키가 작은 5%를 무시하고, 고등학생의 키가 크다고 해석하기로 했다. 이는 연구자가 유의수준을 95%로 설정했다는 점을 의미한다. 반면, 연구자 B는 고등학생 99%가 중학생에 비해 커야 키가 작은 1%를 무시하고, 고등학생의 키가 크다고 해석하기로 했다. 이는 연구자가 유의수준을 99%로 설정했다는 점을 의미한다. 일반적으로 사회과학 연구의 유의수준은 .05, 즉 95% 유의수준이다. 반면, 인간의 생명을 다루는 자연과학 등에서는 .05가 아닌 .001, .0001 등 보다 엄밀한 유의수준 기준을 가진다. 예컨대 C라는 약을 임상 실험하는데, 95%는 효과가 있지만 5%는 부작용이 초래된다고 하면(유의수준 .05), 그 약은 출시될 수 없을 것이다. 1,000건 중 1건, 10,000건 중 1건의 부작용(오류)이 나타날 정도로 오류의 확률이 낮을 때 비로소 약이 출시될 수 있을 것이다. 이처럼 유의수준은 사회과학인지 아닌지, 사회과학 영역에서도 연구자가 어떠한 관점을 가지고 있는지에 따라 달라질 수 있다.

### (2) P값

P값(probability)은 '집단 사이에 차이가 없다'혹은 'A가 B에 영향을 미치지 않는다'라는 영가설(귀무가설)이 맞을(발생하게 될) 확률을 의미한다. P값이 작으면 영가설이 지지될 가능성이 적다는 뜻이다(즉 연구가설이 지지될 가능성이 높다는 뜻). 따라서 P값이 적을수록 오류의 가능성이 낮은 좋은 통계치라고 볼 수 있다. 반면, P값이 크다는 것은 오류의 가능성이 크다는 의미를 가지고 있다.

일반적으로 사회과학에서 통용되는 유의수준은 .05다. 이는 통계에서의 오류 확률이 5% 기준이라는 것을 의미한다. 통계분석을 수행했는데, P값이 .05보다 작다는 것은 영가설이 기각되고, 연구가설이 채택된다는 의미를 가진다. A 집단과 B 집단 사이에 차이가 있거나 A가 B에 영향을 미치게 된다는 점을 의미하는 것이다. 반면, P값이 .05보다 크다는 것은 영가설이 지지되고, 연구가설이 기각된다는 의미를 가진다. A 집단과 B 집단 사이에 차이가 없거나 A가 B에 영향을 미치지 않는다는 점을 의미하는 것이다.

즉 $p < .05$(영가설 기각)

$p > .05$(영가설 지지)

**사례 2:** 'A 지역의 고등학생들의 키가 중학생들의 키보다 통계적으로 유의미하게 클 것이다'라는 연구가설이 있다고 가정해보자. 분석 결과 P값이 .06이 나타났다. 반면 'B 지역의 고등학생들의 키가 중학생들의 키보다 통계적으로 유의미하게 클 것이다'라는 연구가설이 있다고 가정해보자. 분석 결과 P값이 .04가 나타났다. 유의수준은 .05로 설정했다. 이 경우 앞선 A 지역 사례의 경우 P값이 유의수준인 .05보다 크다($P > .05$). 이 경우 영가설이 지지된다. 즉 집단 간에 통계적으로 유의미한 차이가 없다는 의미다. 반면,

B 지역 사례의 경우 P값이 유의수준인 .05보다 작다(P<.05). 이 경우 영가설이 기각된다. 즉 집단 간에 통계적으로 유의미한 차이가 있다는 의미다. A 지역, B 지역 모두 고등학생이 100명, 중학생이 100명이라고 가정해본다면, A 지역의 경우 고등학생 94명이 중학생들에 비해 키가 컸음에도 6명의 중학생이 고등학생에 비해 키가 크게 나타났기 때문에, 95% 유의수준에서 두 집단 간에 유의미한 차이가 없다고 해석한 것이고, B 지역의 경우 고등학생 96명이 중학생들에 비해 키가 컸음에도 4명의 중학생이 고등학생에 비해 키가 크게 나타났기 때문에, 95% 유의수준에서 두 집단 간에 유의미한 차이가 있다고 해석한 것이다. 이처럼 통계연구의 경우 연구자가 어떠한 유의수준을 세웠는지에 따라 같은 통계치라고 해도 연구가설이 기각되기도 하고 지지되기도 한다.

**강의 정리**

1. 신뢰도와 타당도의 개념에 대해 설명하시오.
2. 연구문제와 연구가설의 공통점과 차이점에 대해 설명하시오.
3. 사회과학 연구에서의 유의수준에 대해 설명하시오.

| Part 2. | SPSS 기초분석 |

| **3** | SPSS 기초 이해 1 |
|---|---|

## 1) SPSS 통계 패키지의 이해

SPSS(Statistical Package for the Social Science)는 사회과학 연구에서 가장 활발히 활용되는 통계 프로그램 중 하나다. 아울러 가장 손쉽게 통계분석을 가능케 해주는 통계 패키지이기도 하다. 따라서 국내외에서 발표되는 양적 석, 박사학위 논문의 대부분이 SPSS를 활용하고 있다고 해도 과언이 아닐 것이다.

SPSS는 1968년 개발되어 2009년까지 SPSS Inc.에서 판매되어 왔다. 다만, 2010년 IBM에 인수되어 IBM에 의해 개발, 판매되고 있다. SPSS를 활용하면 변인이 가진 기술적인 특성인 평균, 표준편차, 최솟값, 최댓값, 중앙값, 최빈값 등을 산출할 수 있다. 아울러 그룹 사이의 평균 차이 비교 검정 방법인 t검정과 ANOVA 분석을 수행할 수 있고, 변인 간의 연관성을 살피는 통계기법인 교차분석과 상관관계 분석을 수행할 수 있으며, 변인 간의 선형성을 검증하고 영향관계를 검증하는 회귀분석을 수행할 수 있다. 이 밖에 데이터를 축소해 주는 요인분석과 판별분석과 군집분석과 같은 고급 통계분석을 수행할 수 있다.

다만, 이 책은 SPSS를 활용한 기초적 통계분석 방법이자 사회과학 논문에서 가장 활발히 활용되고 있는 통계분석 방법인 기술통계와 t검정, ANOVA, 요인분석, 상관관계 분석, 회귀분석까지의 과정을 설명하고자 한다. t검정, ANOVA, 요인분석, 상관관계 분석, 회귀분석 등은 국가기술자격 사회조사분석사 2급 실기시험에서 요구하는 분석 방법이기도 하다. 이후 확인할 수 있는 그림은 IBM SPSS 21 프로그램 실행시 확인할 수 있는 그림이다. SPSS 프로그램의 메뉴에 대한 설명, 파일 불러오기까지의 과정을 확인할 수 있다.

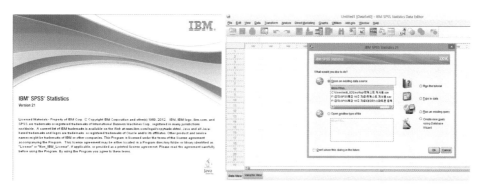

IBM SPSS 21, 실행 시 장면

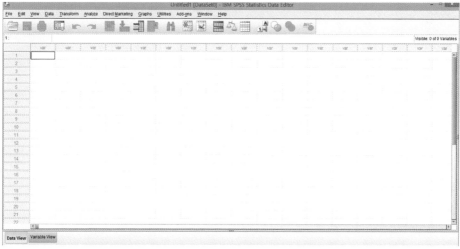

IBM SPSS 21, 데이터 보기(Data View)

SPSS 실행 시의 데이터 보기 창(Data View), 코딩이 이루어지는 공간이다.

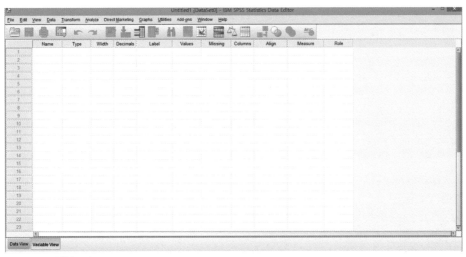

**IBM SPSS 21, 변인 보기(Variable View)**

SPSS 실행 시의 변인 보기(Variable View) 창, 코딩 후 코딩에 대한 이름, 속성 등을 부여하는 공간이다.

**IBM SPSS 21의 실행 매뉴얼**

SPSS 분석을 실행케 하는 매뉴얼들이다. 각 창의 상단에 위치해 있다.

**IBM SPSS 21 매뉴얼: File**

파일을 통해서 새 창을 열거나(New), 데이터 파일을 불러올 수 있다(Open). 아울러 코딩, 데이터 분석 작업 후의 결과를 저장할 수 있다(Save).

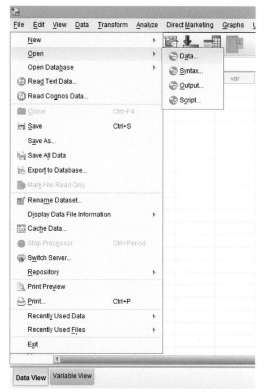

**데이터 불러오기 1**

데이터를 불러오기 위해 Open → Data 클릭

**데이터 불러오기 2**

Data 클릭 시 열리는 창, 파일 타입이
SPSS Statistics로 설정되어 있다. 바탕화
면에 sav로 저장된 팟캐스트 저서용 파일
을 확인할 수 있다.

**데이터 불러오기 3**

파일 타입에서 다양한 형태의 파일을 지정할 수 있다. 우측 하단의 Open 버튼을 클릭하면 데이터가 열린다.

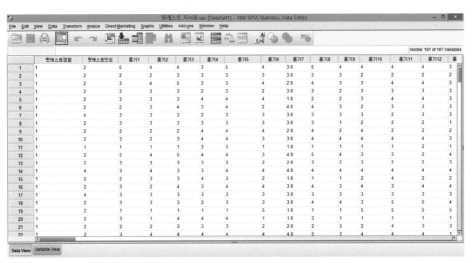

**데이터 불러오기 4**

팟캐스트 저서용이라는 이름의 데이터가 열린 장면이다.

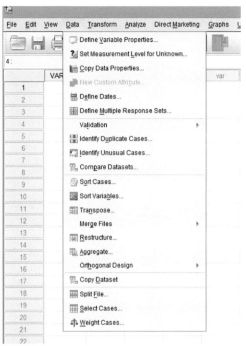

**IBM SPSS 21 매뉴얼: Data**

Data를 통해 케이스 선택(Select Cases) 등의 기능을 수행할 수 있다.

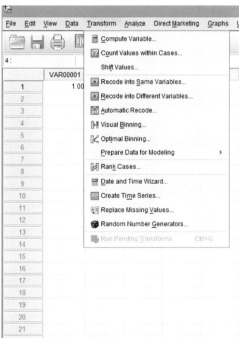

**IBM SPSS 21 매뉴얼: Transform**

Transform을 통해 역코딩(Recode), 자료의 통합, 평균값 분리와 같은 자료의 분할 등의 기능을 수행할 수 있다.

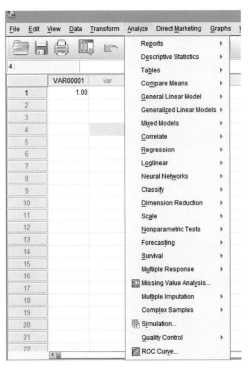

**IBM SPSS 21 매뉴얼:** Analyze

Analyze를 통해 기술통계, t검정, ANOVA, 상관관계 분석, 회귀분석, 신뢰도 검정과 같은 모든 SPSS 분석을 수행할 수 있다.

## 2) 코딩

### (1) 설문

다음과 같은 설문이 있다고 가정해보자.

문항 1. 귀하의 성별은?  ① 남성  ② 여성

문항 2. 귀하의 연령은?  만 (    )세

문항 3. 귀하는 다음 애니메이션을 얼마나 좋아하십니까?

| 구분 | 전혀 좋아하지<br>않는다(1) | 좋아하지<br>않는다(2) | 보통이다(3) | 좋아한다(4) | 매우<br>좋아한다(5) |
|---|---|---|---|---|---|
| 네모바지 스폰지밥 | | | | | |
| 짱구는 못 말려 | | | | | |
| 뽀롱뽀롱 뽀로로 | | | | | |

총 5문항으로 이루어진 설문이다. 다음 설문에 대해 A라는 사람과 B라는 사람은 각각 다음과 같이 응답했다.

| 문항 | A | B |
|---|---|---|
| 1 | 1 | 2 |
| 2 | 35 | 31 |
| 3 | 4 | 2 |
| 4 | 5 | 4 |
| 5 | 5 | 2 |

(2) SPSS 분석 방법

앞선 설문 결과의 분석을 위해서는 SPSS상에 코딩을 해야 한다. 위의 설문 응답을 가지고 코딩을 해보자.

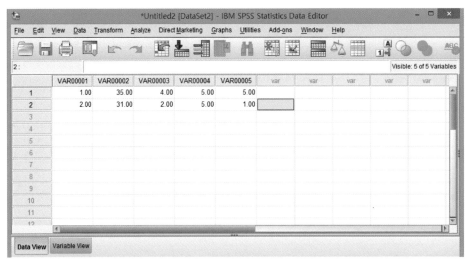

**코딩 1**

Data View에 앞선 설문의 결과를 입력한다. 한 줄당 한 명의 설문 결과라고 보면 된다. 응답자 A의 경우 5문항의 질문에 각각 1,
35, 4, 5, 5라고 응답했다. 따라서 1번 줄에 1, 35, 4, 5, 5라고 입력한다. 응답자 B의 경우 5문항의 질문에 각각 2, 31, 2, 5, 1이라고
응답했다. 따라서 2번 줄에 2, 31, 2, 5, 1이라고 입력한다.

**코딩 2**

Data View에 입력이 끝나면, Variable View로 이동한다.

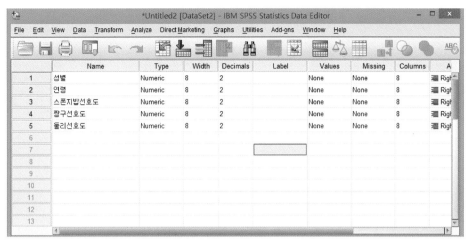

**코딩 3**

Variable View 클릭 시 나타나는 장면이다. Name이라는 칸에 각각 변인의 이름을 써준다. 영문이든 한글이든 상관이 없다. 연구자가 기억할 수 있으면 된다.

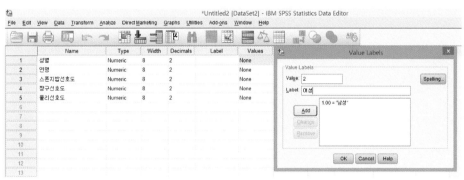

**코딩 4**

Values라는 칸에는 변인의 속성을 입력한다. 성별의 경우 1이 남성, 2가 여성이다. Value에 1, Label에 남성을 입력 후 Add 버튼을 누른다. 같은 방식으로 Value에 2를 입력하고, Label에 여성을 입력한다. 입력완료 후 OK 버튼을 클릭한다.

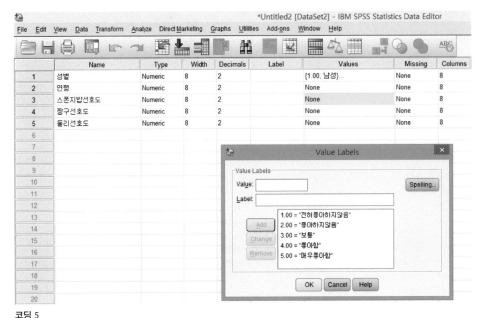

**코딩 5**

같은 방식으로 다른 변인의 Values값도 입력해준다.

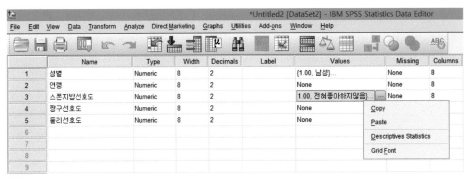

**코딩 6**

만약 3번부터 5번까지의 Values값이 같다면, 3번의 Values값만 입력한 후 마우스 오른쪽 버튼을 이용해 복사(Copy)한다. 이후 4번과 5번 항목 Values를 지정하여 붙여넣기(Paste) 한다.

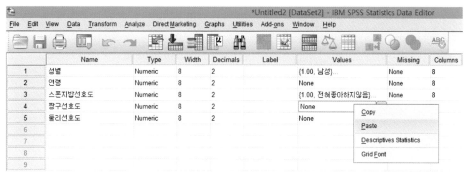

**코딩 7**

만약 3번부터 5번까지의 Values값이 같다면, 3번의 Values값만 입력한 후 마우스 오른쪽 버튼을 이용해 복사(Copy)한다. 이후 4번 과 5번 항목 Value를 지정하여 붙여넣기(Paste) 한다.

**코딩 8**

코딩 완료된 Variable View 장면이다.

**코딩 9**

코딩 완료된 Data View 장면이다.

## 3) 역코딩

(1) 역코딩의 개념과 필요성

한 연구자가 JTBC 뉴스 시청 선호도라는 변인을 구성하는 질문 3개로 구성된 설문이 있다고 가정해보자. 연구자는 JTBC 뉴스 시청 선호도라는 변인의 신뢰도를 측정하기 위해 한 문항을 나머지 두 문항의 방향과는 다르게 측정할 수 있다.

JTBC 뉴스 시청 선호도 구성 설문 문항이다.

| 구분 | 전혀 그렇지 않다(1) | 그렇지 않다(2) | 보통이다(3) | 그렇다(4) | 매우 그렇다(5) |
|---|---|---|---|---|---|
| 1. 나는 JTBC 뉴스 시청을 좋아한다 | | | | | ○ |
| 2. 나는 JTBC 뉴스 시청이 바람직하다고 생각한다 | | | | | ○ |
| 3. 나는 JTBC 뉴스 시청이 타 방송사 뉴스 시청에 비해 부정적인 일이라고 생각한다 | ○ | | | | |

위의 표에서 문항 1과 2는 연구자가 측정하고자 하는 방향 그대로 측정한 것이고, 문항 3은 연구자가 측정하고자 하는 방향과는 반대 방향으로 측정한 것이다. 만약 문항 1과 2에 그렇다라고 응답한 사람이 문항 3에도 4라고 응답한다면, 잘못된 응답이라고 볼 수 있다. 이처럼 연구자에 따라 응답자들의 신뢰도를 파악하기 위해 몇몇 문항을 기존의 문항과는 반대 방향으로 물어보는 경우가 있을 수 있다. 만약 문항 3을 다른 문항과는 다른 방향으로 물어본 것이라면, 연구자는 데이터 코딩 완료 후 문항 3을 역코딩해야 한다. 역코딩하지 않고, 문항 1, 문항 2, 문항 3에 대해 신뢰도 분석을 하게 될 경우 신뢰도가 낮아지게 된다. 합산평균 지수를 구하기 어려워지는 것이다.

역코딩 원리: 응답자의 답변 내용을 완전히 거꾸로 변경

예) 1 → 5, 2 → 4, 3 → 3, 4 → 2, 5 → 1


(2) SPSS 분석 방법

**역코딩 조건:** 위의 JTBC 뉴스 시청 선호도 구성 설문 문항과 같이 뉴스 선호도는 5점 척도(1: 전혀 그렇지 않다, 5: 매우 그렇다)로 측정됨. 뉴스 선호도 1과 2는 제대로 입력, 뉴스 선호도 3은 거꾸로 입력된 상황


**역코딩 절차:**

① 상단메뉴의 Transform → Recode into same Variables(동일 항목에서 변환) 클릭

② Numeric Variables에 역코딩하고자 하는 변인 투입

③ Old and New Values 클릭하여 역코딩 공식에 따라 Old Value와 New-Value에 기존 입력 수치와 변환 수치를 입력한 뒤 Add 클릭(e.g. 5점 척도의 변환일 경우 1 → 5, 2 → 4, 3 → 3, 4 → 2, 5 → 1). 완료 시 Continue 클릭

④ OK를 클릭하여 결과 확인


**그림을 통해 보는 역코딩 방법:**

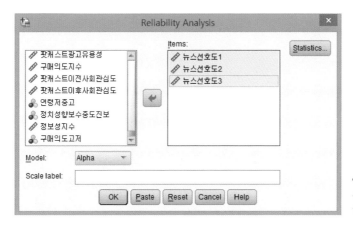

**역코딩 1**
역코딩 전 신뢰도를 확인하기 위한 장면이다.

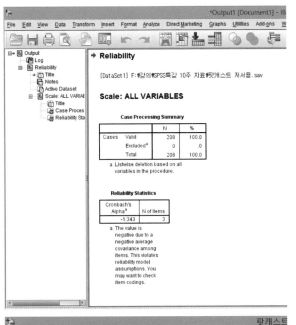

**역코딩 2**

신뢰도 분석 결과, 신뢰도가 나타나지 않음을 확인할 수 있다(Cronbach's alpha 값이 .60 이하 이므로, 자세한 신뢰도 결과 해석 및 분석 방법은 4장을 참고할 것).

**역코딩 3**

역코딩을 위한 초기 장면, Transform-Recode into same Variables(동일 항목에서 변환) 클릭하는 장면이다.

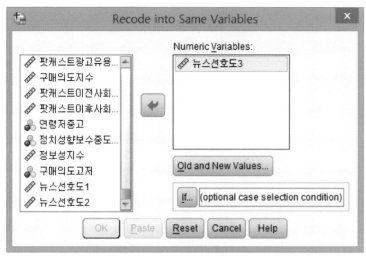

**역코딩 4**

Numeric Variables에 역코딩하고자 하는 변인을 투입한 장면이다.

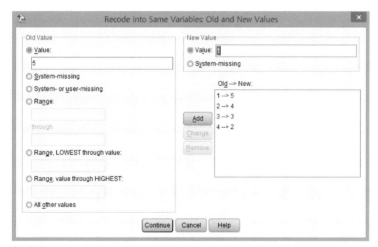

**역코딩 5**

역코딩 공식대로 수치를 투입하는 장면, 구체적으로 Old Value의 Value에 1, New Value의 Value에 5 투입 후, Old → New 아래의 네모 칸에 Add 추가, Old Value의 Value에 2, New Value의 Value에 4 투입 후, Old → New 아래의 네모 칸에 Add 추가, Old Value의 Value에 3, New Value의 Value에 3 투입 후, Old → New 아래의 네모 칸에 Add 추가, Old Value의 Value에 4, New Value의 Value에 2 투입 후, Old → New 아래의 네모 칸에 Add 추가, Old Value의 Value에 5, New Value의 Value에 1 투입한 장면이다.

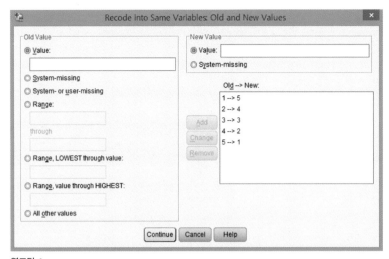

**역코딩 6**

모든 숫자 투입 후 Continue 버튼을 누른다.

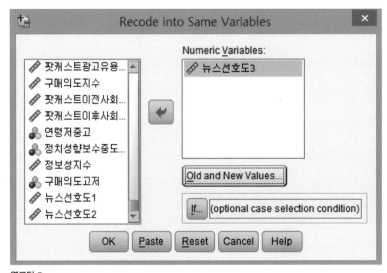

**역코딩 7**

OK 버튼을 누른다.

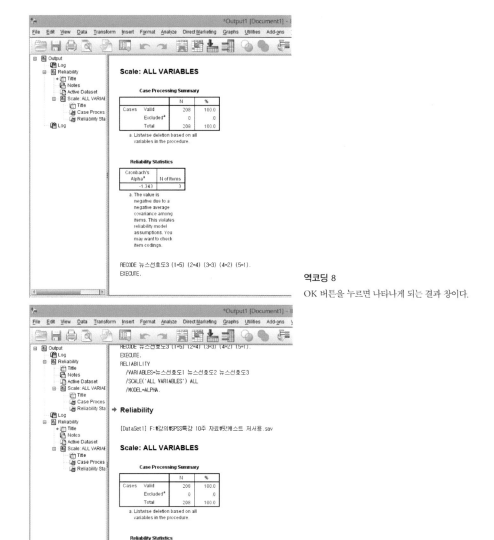

**역코딩 8**

OK 버튼을 누르면 나타나게 되는 결과 창이다.

**역코딩 9**

역코딩 후 신뢰도 검정을 수행한 결과 만족할 만한 수준의 신뢰도(.60 이상)를 확인할 수 있다.

**강의 정리**

1. SPSS를 통해 수행할 수 있는 통계분석 방법에 대해 설명하시오.

2. 역코딩의 개념과 필요성에 대해 설명하시오.

## 1) 신뢰도 분석

### (1) 개념

신뢰도란 반복적으로 측정했을 때 동일한 결과가 도출되는 정도를 의미한다(보다 구체적인 설명은 앞선 2장을 참고할 것). 본 챕터에서는 신뢰도를 SPSS 프로그램을 통해 확인하고, 신뢰도가 부족할 경우 해결법에 대해서 다루기로 한다.

SPSS 프로그램은 크론바흐 알파(Cronbach's alpha)라는 수치를 통해 신뢰도 결과를 산출해준다. 사회과학 연구에서 신뢰도는 크론바흐 알파가 .60 이상일 때 어느 정도 확보된 것이라고 가정한다. 반면, 크론바흐 알파가 .60 이하라면 신뢰도가 낮은 것이라고 가정한다. 신뢰도 분석 결과는 사회과학 논문에서 합산평균 지수 구성 시 전제조건으로 기능한다. 이 부분에 대해서는 이후 다시 설명하도록 하겠다.

### (2) SPSS 분석 방법

**신뢰도 분석 조건:** 정보성 1~3까지 3개의 변인에 대한 신뢰도 분석을 하는 상황

**신뢰도 분석 절차:**

① 상단메뉴의 Analyze → Scale → Reliability Analysis 클릭

② 새 창의 Items에 분석하려는 변인을 투입 후 OK 클릭하여 분석 결과 확인

③ 신뢰도가 낮으면(.60 이하일 경우), Items 투입 화면의 Statistics 클릭 후 Scale if item deleted를 체크한 뒤 결과를 재확인. 이때 Item Total Statistics의 Cronbach's Alpha if

Item Deleted를 검토하여, 삭제 시 신뢰도가 올라가는 항목을 삭제한 뒤 신뢰도 재검증

**그림을 통해 보는 신뢰도 분석 방법:**

### ① 신뢰도 분석 결과 1

아래 그림들은 Scale if item deleted 체크 없는 경우, 즉 1회 신뢰도 분석으로 신뢰도 결과가 좋은 경우의 분석 방법을 제시한 것이다. 여기에서 활용한 변인은 정보성 1~정보성 3까지 3개 변인이다.

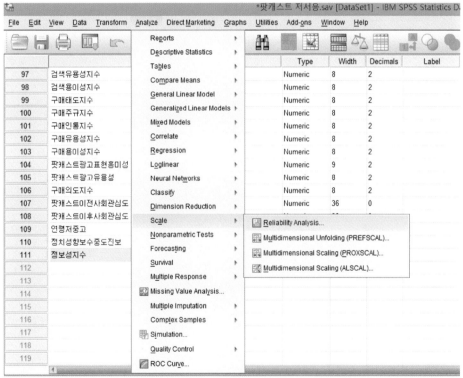

신뢰도 1-1

신뢰도 분석을 하기 위한 초기 화면, Analyze → Scale → Reliability Analysis까지의 화면이다.

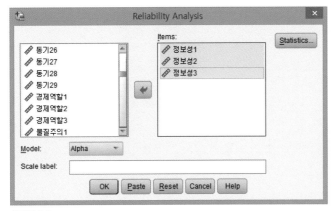

**신뢰도 1-2**

Reliability Analysis를 클릭하면 새로운 창이 나타난다. 왼쪽에 있는 변인 중 신뢰도 분석하고자 하는 변인을 오른쪽으로 옮긴다. 그러고 나서 OK 버튼을 누른다.

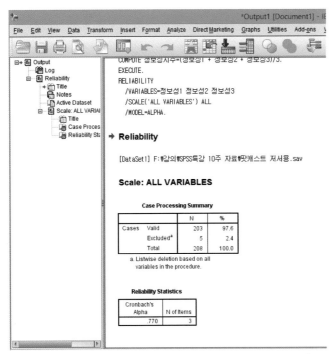

**신뢰도 1-3**

OK 버튼을 누른 후 결과 창의 장면, 2개의 표가 나타난다. 신뢰도가 .60 이상으로 양호함을 확인할 수 있다.

## ② 신뢰도 분석 결과 2

아래 그림들은 Scale if item deleted 체크 있는 경우, 즉 1회 신뢰도 분석으로 신뢰도 결과가 좋지 않은 경우의 분석 방법을 제시한 것이다. 여기에서 활용한 변인은 정보성 1~정보성 4까지 4개 변인이다.

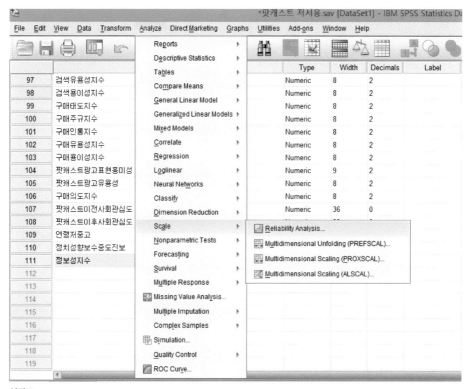

**신뢰도 2-1**

신뢰도 분석을 하기 위한 초기 화면, Analyze → Scale → Reliability Analysis까지의 화면이다.

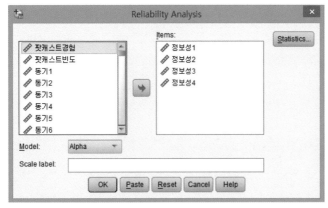

**신뢰도 2-2**

Reliability Analysis를 클릭하면 새로운 창이 나타난다. 왼쪽에 있는 변인 중 신뢰도 분석하고자 하는 변인을 오른쪽으로 옮긴다. 그리고 나서 OK 버튼을 누른다.

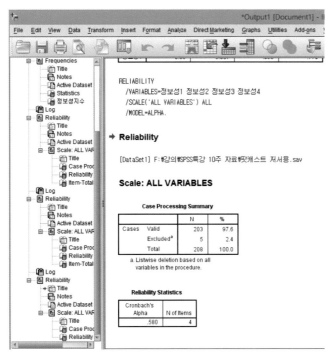

**신뢰도 2-3**

OK 버튼을 누른 후 결과 창의 장면, 2개의 표가 나타난다. 신뢰도가 .58로 다소 문제가 있음을 확인할 수 있다. 이 경우 신뢰도 저해 요인을 찾아 삭제해주는 후속 작업을 해야 한다.

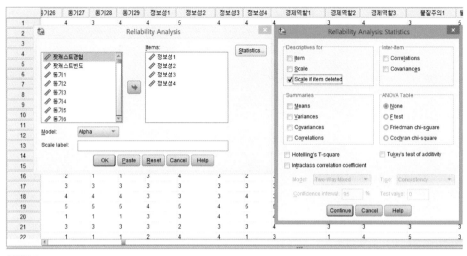

**신뢰도 2-4**

다시 초기 화면으로 돌아가서, Statistics 메뉴를 클릭한다. 클릭하면 위의 그림 오른쪽 창이 나타난다. 여기서 Scale if item deleted 를 체크한다. 이후 그림 아래의 Continue를 클릭한다.

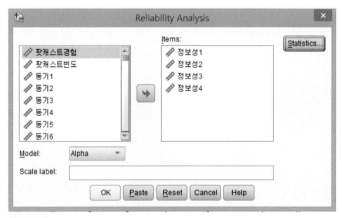

**신뢰도 2-5**

OK를 클릭하면, 결과 창이 나타난다.

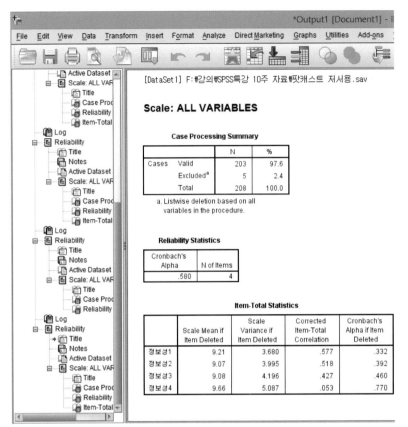

**신뢰도 2-6**

결과 화면, 3개의 표를 확인할 수 있다. 2번째 Reliability Statistics 표는 4개 변인을 모두 투입했을 때의 초기 신뢰도 .580을 보여주는 것이다. 아울러 Item-Total Statistics표는 각각의 변인을 제외했을 때의 신뢰도 수준을 보여준다. 정보성 4를 삭제했을 때, 즉 정보성 1~3을 대상으로 신뢰도 분석을 했을 때, 신뢰도가 .770까지 높아짐을 확인할 수 있다.


## 2) 합산평균 지수의 구성


### (1) 개념

일반적으로 사회과학 연구에서는 하나의 변인을 구성하기 위한 항목을 2개 이상 측정한다. 예컨대 정치참여에 대한 태도라는 변인을 구성하기 위해 연구자는 다음과 같은 복수의 문항을 설정할 수 있다.

| 구분 | 전혀 그렇지 않다 | 그렇지 않다 | 보통이다 | 그렇다 | 매우 그렇다 |
|---|---|---|---|---|---|
| 1. 나는 정치참여가 좋은 일이라고 생각한다 | | | | | |
| 2. 나는 정치참여가 바람직한 일이라고 생각한다 | | | | | |
| 3. 나는 정치참여를 좋아한다 | | | | | |

태도라는 한 개의 변인을 구성하기 위해 거의 비슷해 보이는 복수의 문항을 측정하는 이유는 신뢰도를 확인하기 위해서다. 예컨대 1번 문항에는 '매우 그렇다'라고 응답했는데, 2번 문항에는 '그렇지 않다'라고 응답했다면, 이는 신뢰도가 없는 응답이라고 볼 수 있다. 이처럼 복수의 문항을 통해 변인을 구성하면, 측정 문항의 신뢰도를 검증할 수 있다는 장점을 가진다. 다만, 태도라는 변인을 3개의 항목으로 나누어 측정했다면, 후속 연구를 위해서는 3개 항목을 다시 1개의 변인으로 묶어야 한다. 그래야 후속분석 과정이 편리해지기 때문이다.

합산평균을 구하는 방식은 다음과 같다. 태도라는 변인을 구성하는 항목이 A, B, C의 3개 항목이라고 가정하자.

합산평균 지수=(각 변인 구성 항목의 총합)/N=(A+B+C)/3

(2) SPSS 분석 방법

**합산평균 지수 구성 조건:** 정보성 1, 정보성 2, 정보성 3의 3개 변인을 합산평균하여 지수로 구성하는 상황. 신뢰도 분석 후 신뢰도가 있는 상황이면 바로 합산평균 지수 구성, 신뢰도 저해 요인이 있다면 저해 요인을 제외한 채 합산평균

## 합산평균 지수 구성 절차:

① 합산평균 지수 구성 전, 구성변인 간 신뢰도 확인, 신뢰도 미충족 시 미충족 변인 삭제

② 상단메뉴의 Transform → Compute Variable 클릭

③ Target Variable에는 Numeric Expression에 투입한 변인들의 이름을 기입

④ Numeric Expression에 합산하려는 변인 공식을 투입[e.g. (정보성 1+정보성 2+정보성 3)/3]

⑤ OK를 클릭하여 합산평균 지수 결과 확인

⑥ 기술통계 분석을 통해 합산평균 지수의 평균과 표준편차 확인

## 그림을 통해 보는 합산평균 지수 구성 방법:

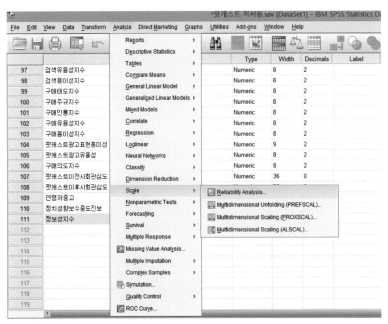

**합산평균 지수 1**

정보성 1, 정보성 2, 정보성 3의 합산평균 이전 3항목의 신뢰도를 검증하기 위한 장면 1, Scale → Reliability까지의 장면이다.

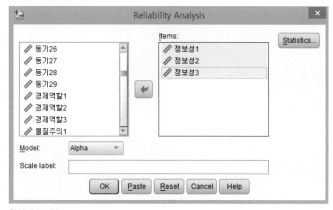

**합산평균 지수 2**

정보성 1, 정보성 2, 정보성 3의 합산평균 이전 3항목의 신뢰도를 검증하기 위한 장면 2. 3개 변인을 투입한 후. OK버튼을 누른다.

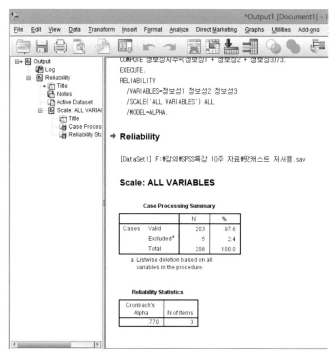

**합산평균 지수 3**

정보성 1, 정보성 2, 정보성 3의 합산평균 이전 3항목의 신뢰도를 검증하기 위한 장면 3. 분석 결과 장면이다. 신뢰도가 .770으로
양호하다는 사실을 확인할 수 있다. 따라서 정보성 1~정보성 3의 합산평균은 가능하다.

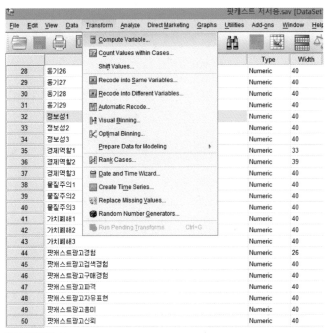

**합산평균 지수 4**

본격적인 합산평균을 위한 초기 장면, Transform → Compute Variable을 클릭한다.

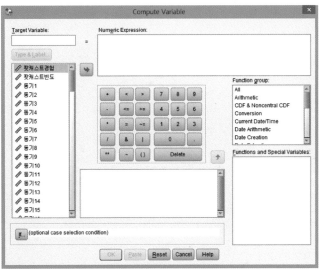

**합산평균 지수 5**

Compute Variable을 클릭 후 새로운 창이 나타난 장면이다.

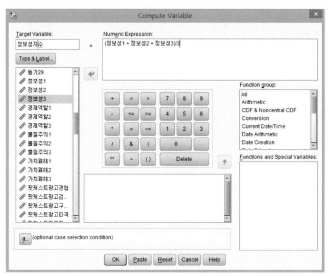

**합산평균 지수 6**

Numeric Expression에 합산평균식을 써준다. 변인은 연구자가 직접 써도 되고, 왼쪽 변인들에서 마우스 클릭을 통해 옮겨올 수도 있다. 정보성 1~정보성 3까지의 합산평균이므로, (정보성 1+정보성 2+정보성 3)/3이라는 식을 써준다. 그리고 왼쪽 상단에 위치한 Target Variable란에 3개 변인의 합산평균값의 이름을 명명한 후 기술해준다. 여기에서는 '정보성 지수'라고 기술했다. 그리고 나서 아래에 위치한 OK 버튼을 누른다.

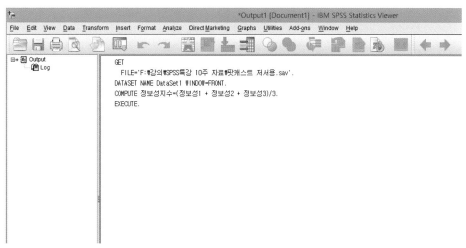

**합산평균 지수 7**

OK 버튼을 누른 후 나타난 결과 화면이다.

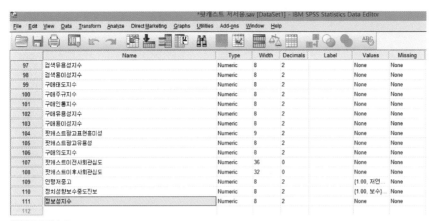

**합산평균 지수 8**

모든 분석이 완료된 후 SPSS 초기 화면을 살펴보면, 정보성 지수라는 새로운 변인이 생성되었음을 확인할 수 있다.

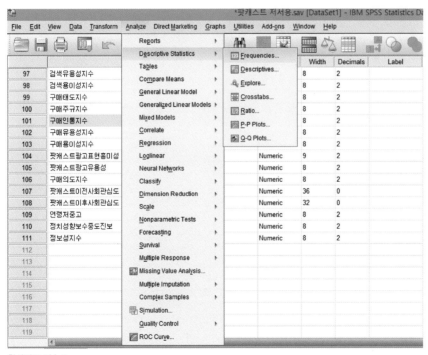

**합산평균 지수 9**

정보성 지수라는 합산평균 지수가 완성되었다. 그러면 정보성 지수의 평균과 표준편차를 살펴볼 필요가 있다. 이를 위해 기술통계 분석을 수행한다. Analyze → Descriptive Statistics → Frequencies까지의 장면이다.

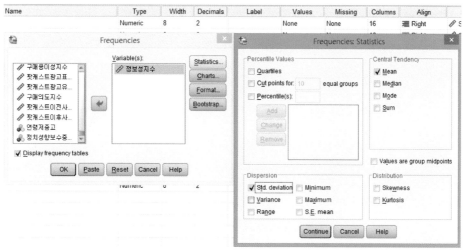

**합산평균 지수 10**

Statistics 클릭 후 평균과 표준편차를 체크해준다. 이후 Continue를 클릭한다.

**합산평균 지수 11**

OK 버튼을 누르면, 결과 창이 나타난다.

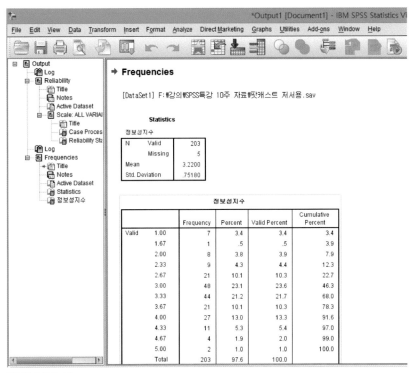

**합산평균 지수 12**

합산평균 지수의 평균과 표준편차 정보가 나타난 장면이다. 일반적으로 합산평균 지수를 구성하여 후속 분석에 활용할 것이면, 논문이나 보고서에 합산평균 지수의 평균과 표준편차, 그리고 신뢰도 정보를 기술해주는 것이 좋다.

## 3) 평균값 분리

### (1) 개념

평균값 분리는 등간이나 비율척도로 측정된 특정 변인을 평균을 중심으로 2개의 유형으로 구분하는 것을 의미한다. 예컨대 스마트폰 중독점수가 20점부터 100점까지의 범위로 구성이 된다고 가정해보자. 이때, 설문 응답자 100명의 평균점수를 확인해보니 45점이었다. 평균점수를 기준으로 두 집단으로 분리를 하면 스마트폰 중독 저집단과 고집단으로 구분할 수 있다.

예컨대 20~45점까지의 범위에 있는 50명의 사람은 스마트폰 중독 저집단자, 45.1점 부터 100점까지의 범위에 있는 50명의 사람은 스마트폰 중독 고집단자로 구분할 수 있는 것이다. 이는 평균값 분리를 통해 등간이나 비율척도로 측정된 항목을 명목 혹은 서열척도화할 수 있다는 것을 의미한다. 등간이나 비율척도로 측정된 항목을 명목 혹은 서열척도화하게 되면, 스마트폰 중독 저집단, 고집단 사이의 충동성, 학업 성취도 차이 검증과 같은 추가적 분석(이전의 측정 수준에서는 검증하기 어려운 추가적 분석)이 가능해진다.

(2) SPSS 분석 방법

**평균값 분리 조건:** 5점 척도(1: 전혀 그렇지 않다, 5: 매우 그렇다)로 측정된 팟캐스트 상품 구매의도 지수(구매의도 지수)를 평균값을 기준으로 고저(팟캐스트 상품 구매의도 고집단, 저집단)로 분리하는 상황

**평균값 분리 절차:**

① 상단메뉴의 Analyze → Descriptive Statistics → Frequencies 클릭

② 새 창의 Variables에 평균값을 확인하고자 하는 변인 투입

③ Statistics 클릭 후 Mean에 체크, Continue 클릭

④ OK 클릭하여 결과 창에서 평균값 확인(e.g. 최첫값에서 평균값 미만, 평균값 이상에서 최댓값 범위 확인)

⑤ 평균값 분리를 위해 Transform → Recode into Different Variables 클릭

⑥ 새 창의 Numeric Variable → Output Variable에 평균값을 분리하려는 변인 투입

⑦ Output Variable의 Name에 새로운 변인명을 기재한 후 Change 버튼 클릭

⑧ Old and New Values 클릭 후 Old Value의 Range에 분리하고자 하는 평균값 기준 수치의 범위를, New Value에 Old Value의 평균값 범위를 어떠한 수치로 변환시킬 것인지, 변환 수치를 각각 입력, 분리하려는 수치만큼 같은 행위 반복한 뒤 Continue 클릭

⑨ OK를 클릭 후 SPSS상의 Variable View에서 새롭게 추가된 변인명 확인

⑩ 새롭게 추가된 변인의 Values에 변인의 세부 속성 추가

## 그림을 통해 보는 평균값 분리 방법:

**평균값 분리 1**

팟캐스트 상품 구매의도 지수(데이터에는 구매의도 지수로 코딩되어 있음)의 평균값을 확인하기 위한 과정 1: 상단메뉴의 Analyze → Descriptive Statistics → Frequencies 클릭까지의 장면이다.

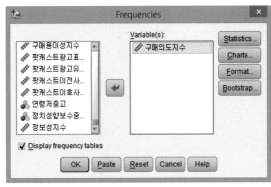

**평균값 분리 2**

평균값을 확인하기 위한 과정 2: 새 창의 Variable(s)에 평균값 확인하고자 한 구매의도 지수를 투입한 장면, 이후 Statistics를 클릭한다.

| Name | Type | Width | Decimals | Label | Values | Missing | Columns | Align | M |
|------|------|-------|----------|-------|--------|---------|---------|-------|---|
|  | Numeric | 40 | 0 |  | None | None | 19 | Left | S |

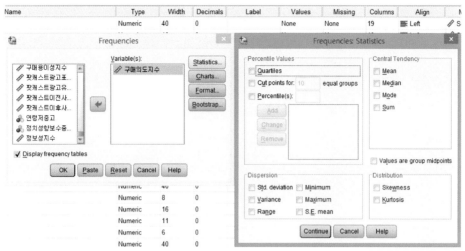

**평균값 분리 3**

평균값을 확인하기 위한 과정 3: Statistics를 클릭 후 새 창이 나타난 장면이다.

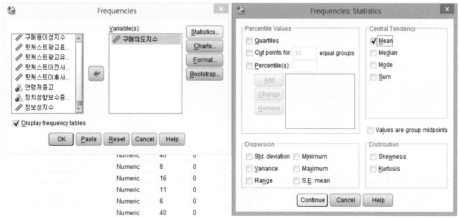

**평균값 분리 4**

평균값을 확인하기 위한 과정 4: Statistics를 클릭 후 나타난 새 창에 Mean(평균)을 체크한다. 이후 Continue 버튼을 누른다.

**평균값 분리 5**

평균값을 확인하기 위한 과정 5: OK 버튼을 클릭한다.

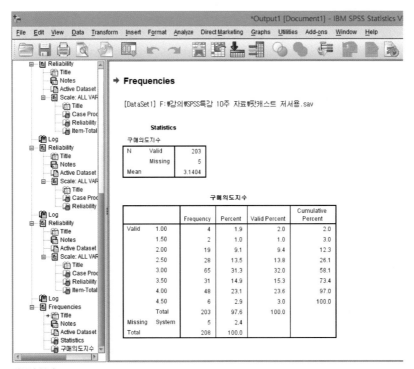

**평균값 분리 6**

평균값을 확인하기 위한 과정 6: OK 버튼 클릭 시 나타난 결과 창, 평균이 3.1404라는 사실을 확인할 수 있다.

**평균값 분리 7**

평균값 분리를 위한 과정 1: Transform → Recode into Different Variables를 클릭한다. 'Recode into Different Variables'는 평균값을 분리하고자 하는 변인, 즉 구매의도 지수와는 다른 변수를 생성하여, 분리된 평균값 정보를 기술하겠다는 의미를 가지고 있다. 참고로 'Recode into Same Variables'는 평균값을 분리하고자 하는 변인, 즉 구매의도 지수에 직접 평균값 분리 정보를 기술하겠다는 의미를 가지고 있다. 이 경우 구매의도 지수의 기존 정보가 사라지고, 이후 변경하고자 하는 평균값 분리 정보(1 또는 2)만이 남게 된다. 사회과학 연구에서는 후속 연구를 위해 기존 자료(raw data)가 매우 중요하므로 'Recode into Same Variables'보다는 'Recode into Different Variables'를 활용하여 자료변환을 할 필요가 있다.

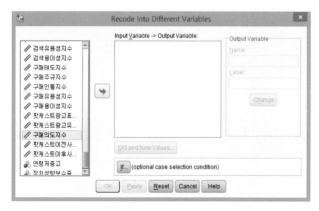

**평균값 분리 8**

평균값 분리를 위한 과정 2: Recode into Different Variables 클릭 후 나타난 새 창이다.

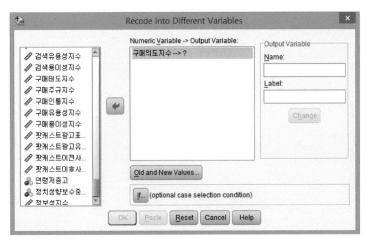

**평균값 분리 9**

평균값 분리를 위한 과정 3: 새롭게 나타난 창의 Numeric Variable → Output Variable에 평균값을 분리하고자 하는 변인을 투입(왼쪽 변인 중 찾아서 투입하면 됨)한 장면이다.

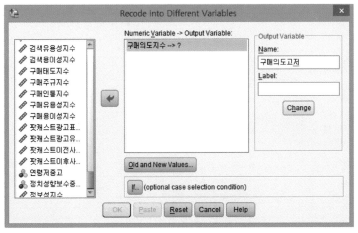

**평균값 분리 10**

평균값 분리를 위한 과정 4: Output Variable에 평균값 분리 이후 바뀌게 될 새로운 변인명(구매의도 고저)을 기재한 장면이다.

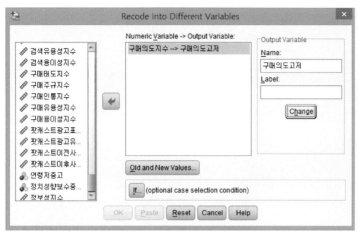

**평균값 분리 11**

평균값 분리를 위한 과정 5: Change 버튼을 클릭한다.

**평균값 분리 12**

평균값 분리를 위한 과정 6: Old and New Values 클릭하면, 왼쪽의 새로운 창이 뜬다.

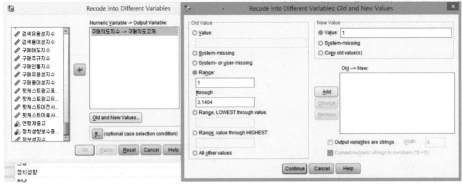

**평균값 분리 13**

평균값 분리를 위한 과정 7: 새 창의 Old Value 부분과 New Value에 수치를 투입한다. 구매의도 지수 평균(M=3.1404)을 기준으로 저의도, 고의도로 구분할 것이기 때문에, 1~3.1404는 1(저의도)로, 3.1405~5는 2(고의도)로 가정한 후, 수치를 입력한다. Old Value의 Range는 범위를 입력하는 것이다. Range의 위쪽 칸에 1을 아래쪽 칸에 3.1404를 입력했고, New Value에는 1을 입력했다. 이후 Old → New라고 쓰인 칸 밑에 있는 Add를 클릭한다.

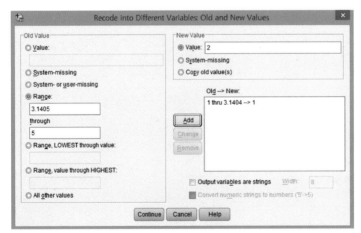

**평균값 분리 14**

평균값 분리를 위한 과정 8: Old → New라고 쓰인 칸 밑에 있는 Add를 클릭하면, '1 thru 3.1404 → 1'이라는 숫자가 자동으로 창에 쓰인다. 같은 방식으로 Old Value Range 위쪽 칸에 3.1405를 입력, 아래 칸에 5를 입력한다. New Value에는 2를 입력, 이후 Old → New라고 쓰인 칸 밑에 있는 Add를 클릭한다.

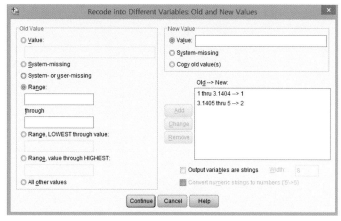

**평균값 분리 15**

평균값 분리를 위한 과정 9: '3.1405 thru 5 → 2'이라는 숫자가 자동으로 창에 쓰인다. Continues를 클릭한다.

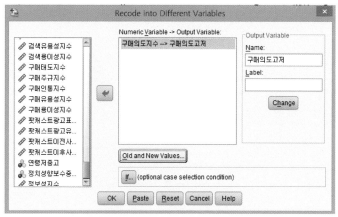

**평균값 분리 16**

평균값 분리를 위한 과정 10: OK 버튼을 클릭한다.

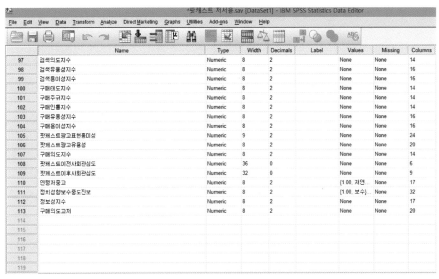

**평균값 분리 17**

평균값 분리를 위한 과정 11: SPSS 초기 화면 Variable View에서 새롭게 추가된 변인명을 확인할 수 있다. 구매의도 고저가 추가되었음을 확인할 수 있다.

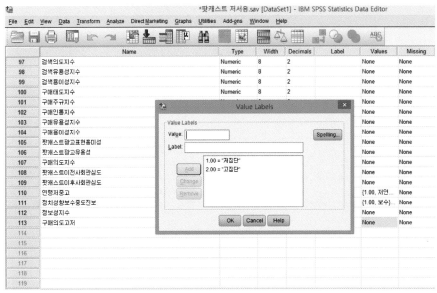

**평균값 분리 18**

평균값 분리를 위한 과정 12: 구매의도 고저 변인의 Value를 클릭한 후 변인의 정보를 기술해준다. 1은 저집단, 2는 고집단이라는 변인명을 추가한다.

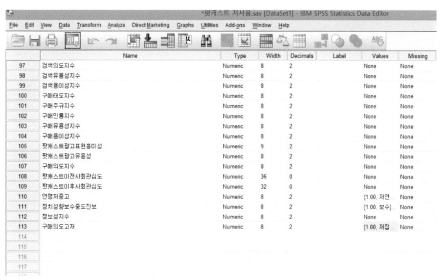

| | Name | Type | Width | Decimals | Label | Values | Missing |
|---|---|---|---|---|---|---|---|
| 97 | 검색의도지수 | Numeric | 8 | 2 | | None | None |
| 98 | 검색유용성지수 | Numeric | 8 | 2 | | None | None |
| 99 | 검색용이성지수 | Numeric | 8 | 2 | | None | None |
| 100 | 구매태도지수 | Numeric | 8 | 2 | | None | None |
| 101 | 구매주규지수 | Numeric | 8 | 2 | | None | None |
| 102 | 구매인롱지수 | Numeric | 8 | 2 | | None | None |
| 103 | 구매유용성지수 | Numeric | 8 | 2 | | None | None |
| 104 | 구매용이성지수 | Numeric | 8 | 2 | | None | None |
| 105 | 팟캐스트광고표현흥미성 | Numeric | 9 | 2 | | None | None |
| 106 | 팟캐스트광고유용성 | Numeric | 8 | 2 | | None | None |
| 107 | 구매의도지수 | Numeric | 8 | 2 | | None | None |
| 108 | 팟캐스트이전사회관심도 | Numeric | 36 | 0 | | None | None |
| 109 | 팟캐스트이후사회관심도 | Numeric | 32 | 0 | | None | None |
| 110 | 연령저중고 | Numeric | 8 | 2 | | {1.00, 저연... | None |
| 111 | 정치성향보수중도진보 | Numeric | 8 | 2 | | {1.00, 보수}... | None |
| 112 | 정보성지수 | Numeric | 8 | 2 | | None | None |
| 113 | 구매의도고저 | Numeric | 8 | 2 | | {1.00, 저집... | None |
| 114 | | | | | | | |
| 115 | | | | | | | |
| 116 | | | | | | | |
| 117 | | | | | | | |

**평균값 분리 19**

평균값 분리를 위한 과정 13: 평균값 분리가 완료된 이후의 Variable View의 모습

### (3) 응용: 3집단 평균값 분리

평균점수의 평균값 분리(2단계 분리)가 가능하다면, 평균점수의 3단계나 4단계 분리도 가능하다. 예컨대 평균을 기준으로 저집단, 고집단으로 구분할 수도 있지만, 평균을 기준으로 33.33%, 66.66% 지점의 분리를 통해 저집단, 중집단, 고집단으로 구분할 수도 있다. 아울러 평균을 기준으로 25%, 50%, 75% 지점의 분리를 통해 4개의 집단으로 구분할 수도 있다. 원리는 앞서 제시한 평균값 분리와 동일하다.

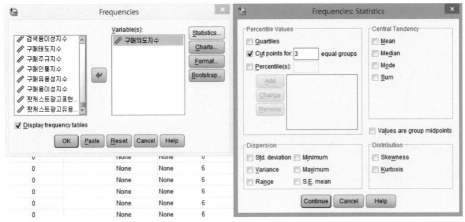

**3개 집단 분리 1**

Analyze → Descriptive Statistics → Frequencies 클릭 후 나타난 창의 Variable(s)에 분리하고자 하는 변인 투입 → Statistics 버튼 클릭 후 나타난 새 창의 Percentile Values 부분 Cut Points for (    ) equal groups에 몇 가지 집단으로 구분할 것인지에 대한 숫자를 입력, 3을 입력한 장면이다. Continue 버튼을 누르면 결과 창이 열린다.

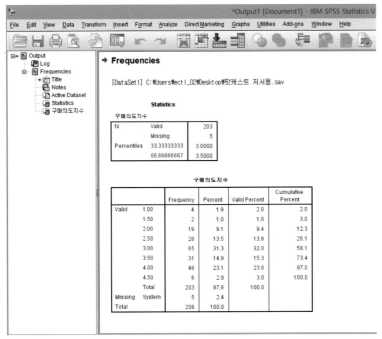

**3개 집단 분리 2**

3개 집단으로 나누기 위한 수치가 나타난 장면이다. 즉 구매의도 지수의 경우 33.33% 수준이 3.0점이며, 66.66% 수준이 3.5점이라는 사실을 확인할 수 있다.

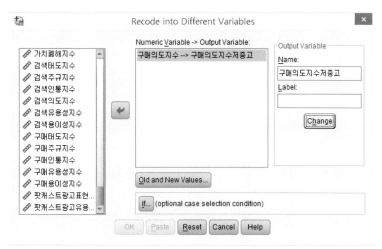

**3개 집단 분리 3**

Transform → Recode into Different Variables 클릭 후 나타난 새 창에 구분하고자 하는 변인 정보를 입력한 장면이다.

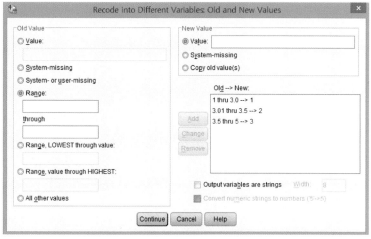

**3개 집단 분리 4**

Old and New Values 클릭 후 나타난 새 창의 범위에 Old Value 1~3.0까지는 New value 1, Old Value 3.01~3.5까지는 New Value 2, Old Value 3.51~5까지는 New Value 3을 입력한 장면이다. Continue를 누르고, SPSS의 Variable View 확인 후, Value에 1은 저의도, 2는 중의도, 3은 고의도로 입력하면, 3개 집단 평균값 분리가 끝난다.

## 4) 케이스 선택

### (1) 개념

케이스 선택(select cases)은 변인의 속성 중 특정한 속성만을 남기고 나머지 속성을 제외한 채 후속 분석을 하고자 할 때, 유용하게 활용할 수 있다. 예컨대 성별의 경우 남성은 1로 여성은 2로 코딩되어 있다. 다만, 특정 연구의 경우 남성을 제외한 채 여성만을 대상으로 연구해야 할 수 있다. 이 경우 수집된 데이터 중 성별이 1로 코딩되어 있는 데이터를 모두 찾아서 삭제한 후 분석을 진행해야 한다는 한계가 존재한다. 케이스 선택은 이때 유용하게 활용할 수 있다.

### (2) SPSS 분석 방법

**케이스 선택 조건:** 성별 중 여성을 제외한 남성만을 대상으로 추가적인 분석을 하고자 하는 경우

**케이스 선택 절차:**

① 상단메뉴의 Data → Select Cases 클릭

② Select의 If conditions is satisfied 클릭

③ 속성을 분리하고자 하는 변인을 선택 후 오른쪽 창으로 이동시킴

④ 오른쪽 창의 네모 공간에 분리시킬 속성의 정보 기입 후 continue 클릭(e.g. 성별=1, 남성이 1로 코딩되었다면, 남성만 선택하고 나머지 변인은 삭제하겠다는 의미)

⑤ SPSS상의 Data View에서 원하는 변인이 삭제되었는지 확인(e.g. 성별=2, 즉 여성 데이터가 삭제되었는지 확인)

**그림을 통해 보는 케이스 선택 방법:**

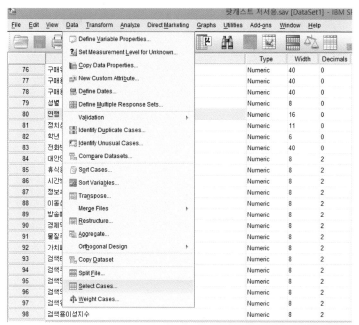

**케이스 선택 1**

Data → Select Cases까지의 장면이다.

**케이스 선택 2**

Select의 If conditions is satisfied 클릭한다.

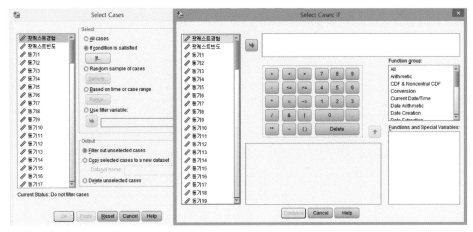

**케이스 선택 3**

클릭을 하면, 새로운 창이 나타난다.

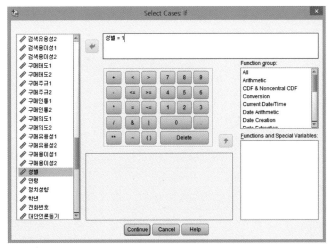

**케이스 선택 4**

오른쪽 창의 네모 공간에 분리시킬 속성의 정보를 기입한다. 성별=1이라는 정보를 입력한 장면이다. 이 연구의 경우 성별에서 1은 남성, 2는 여성이었다. 따라서 성별=1이라는 것은 남성만 선택하고, 나머지 변인은 제외시키겠다는 의미를 가진다. 만약 성별=2라고 입력했다면, 여성만 남기고 남성은 제외시키겠다는 의미를 가진다. continue를 누르면, 케이스 선택이 완료된다.

**케이스 선택 5**

OK 버튼을 누른다.

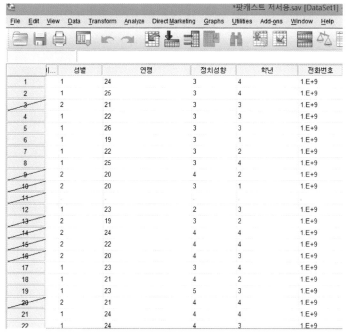

**케이스 선택 6**

SPSS상의 Data View에서 성별 중 2가 삭제되었는지 확인하고, 후속 분석을 진행하면 된다.

## 5) 실습 과제

홈페이지(https://blog.naver.com/solid8181/220964688838) '2. 스마트폰 중독 데이터'를 사용하시오.

## (1) 신뢰도 분석

문 1. 흥미성 1~흥미성 5까지 5개 변인에 대한 신뢰도 분석 후 다음 표를 채우시오.

Reliability Statistics

| Cronbach's Alpha | N of Items |
|---|---|
|  |  |

Item-Total Statistics

| 구분 | Cronbach's Alpha if Item Deleted |
|---|---|
| 흥미성 1 |  |
| 흥미성 2 |  |
| 흥미성 3 |  |
| 흥미성 4 |  |
| 흥미성 5 |  |

문 2. 위의 표를 보면, 흥미성 1~흥미성 5까지의 신뢰도를 높이기 위해 삭제할 필요가 있는 변인이 무엇인지 쓰시오.

(2) 합산평균 지수의 구성

문 1. 중독 1부터 중독 3까지의 합산평균 지수를 구성하시오. 합산평균 지수를 중독 지수 2로 명명한 후 다음 표를 채우시오.

Reliability Statistics

| Cronbach's Alpha | N of Items |
|---|---|
|  |  |

Statistics
중독지수 2

| N | Valid |  |
|---|---|---|
|  | Missing |  |
| Mean |  |  |
| Std. Deviation |  |  |

(3) 평균값 분리

문 1. 스마트폰 중독 점수의 평균과 표준편차를 확인하고, 평균을 기준으로 저중독과 고중독을 나눈 후, 다음의 표를 채우시오.

〈스마트폰 중독 점수 평균, 표준편차〉
Statistics
스마트폰 중독 점수

| N | Valid |  |
|---|---|---|
|  | Missing |  |
| Mean |  |  |
| Std. Deviation |  |  |

〈스마트폰 중독 점수 평균값 분리(저중독, 고중독) 후 기초통계분석 결과〉
스마트폰 중독 고저

| 구분 | | Frequency | Percent | Valid Percent | Cumulative Percent |
|---|---|---|---|---|---|
| Valid | 저중독 | | | | |
| | 고중독 | | | | |
| | Total | | | | |
| Missing | System | | | | |
| Total | | | | | |

**강의 정리**

1. 신뢰도 분석 결과 신뢰도가 있다고 평가할 수 있는 기준에 대해 설명하시오.

2. 합산평균 지수 구성의 필요성에 대해 설명하시오.

3. 케이스 선택이란 무엇이며, 어떠한 상황에서 활용할 수 있는지 설명하시오.

| Part 3. | SPSS 통계분석 |
|---------|-------------|

| 5 | 기초통계분석과 교차분석 |
|---|---|

## 1) 개념

### (1) 기초통계분석

본 챕터에서 다루고자 하는 기초통계분석 방법에는 빈도(Frequency), 결측값(Missing), 평균(Mean), 표준편차(Standard deviation), 중앙값(Median), 최빈값(Mode), 최솟값(Minimum), 최댓값(Maximum), 그룹 나누기[Cut points for (   ) equal groups] 등이 있다.

① 빈도는 통계분석에서 사용할 사례 수에 대한 정보를 의미한다.
② 평균은 모든 측정치의 값을 더한 후 사례 수로 나눈 값을 의미한다.
③ 표준편차는 산포도의 일종이다. 표준편차가 클수록 수치들 사이의 차이가 크다는 것을 의미한다. 즉 수치들이 평균 밖에 많이 산포되어 있다는 것을 의미하는 것이다.
④ 중앙값은 전체 데이터 중에 한가운데에 위치해 있는 값을 의미한다. 모든 사례 중 50%에 해당하는 것이 중앙값이다.
⑤ 최빈값은 전체 데이터 중에 가장 많은 사례 수를 가지는 측정치나 범주를 의미한다.
⑥ 최솟값은 전체 데이터 중에 가장 작은 수를 의미한다.
⑦ 최댓값은 전체 데이터 중에 가장 큰 수를 의미한다.
⑧ 그룹 나누기는 전체 데이터를 몇 개의 동일한 그룹으로 나누었을 때의 포인트를 보여준다.

빈도, 평균, 표준편차는 사회과학 논문에 반드시 포함되어야 할 통계치다. 아울러 그룹 나누기는 집단 간 차이 분석, 집단 간 영향관계 비교 등 고급 통계기법 활용을 위해 반드시 숙지해야 할 개념이다.

(2) 교차분석

교차분석은 2개의 변수가 가진 각각의 범주를 교차하여 해당 빈도를 표시하는 교차분석표를 제시해주는 통계기법이다. 두 변인 간의 관계를 카이제곱($x2$)이라는 통계치를 활용하여 검정하여 카이스퀘어 검정분석이라고도 불린다. 교차분석의 독립변인과 종속변인은 명명척도나 서열척도여야 하며, 교차분석표는 두 변수 간의 독립성과 동질성을 분석하는 데 활용된다. 일반적으로 빈도분석은 한 가지 변인의 사례 수에 대한 정보만을 보여준다. 그러나 교차분석은 두 개의 변인을 동시에 교차하는 교차표를 구성해줌으로써 해당하는 빈도와 비율에 대한 정보를 얻을 수 있다.

## 2) 기초통계분석 방법과 사례

(1) SPSS 분석 방법

**기술통계분석 조건:** 검색의도 지수의 평균, 표준편차를 포함한 기술통계분석을 수행하는 상황

**기술통계분석 절차:**

① 상단메뉴의 Analyze → Descriptive Statistics → Frequencies 클릭

② 새 창의 Variable(s)에 분석하려는 변인 투입 후 Statistics 클릭

③ Mean(평균), Median(중간값), Mode(최빈값), Std. deviation(표준편차), Minimum(최솟값), Maximum(최댓값) 등 가운데 필요한 항목들을 체크

④ 특정 변인을 몇 개의 균등한 그룹으로 구분한 상황에서의 평균값을 확인하고 싶다면, Cut Point for~를 체크한 후 원하는 그룹 수를 입력한 뒤 Continue 클릭

⑤ OK를 클릭하여 분석 결과 확인

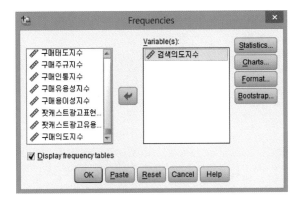

**기술통계 1**

기술통계분석 결과 산출을 위한 초기 화면, Analyze → Descriptive Statistics → Frequencies 클릭까지의 화면이다.

**기술통계 2**

Frequencies 클릭 시 새로운 창이 나타난다. Variable(s) 부분에 분석하고자 하는 변인을 찾아서 투입한다.

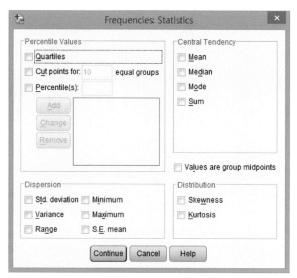

**기술통계 3**

변인 투입이 끝나면, Statistics를 클릭한다. 클릭 시 나타나는 화면이다.

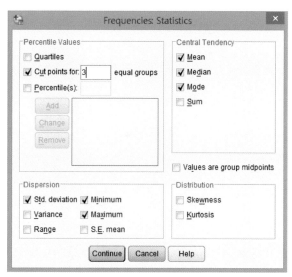

**기술통계 4**

새로운 창에서 평균, 표준편차, 중간값, 최빈값, 최솟값, 최댓값, 컷 포인트 등 연구자가 분석하고자 하는 내용을 체크한다. 이후 Continue를 클릭한다. 클릭 시 새 창은 닫힌다.

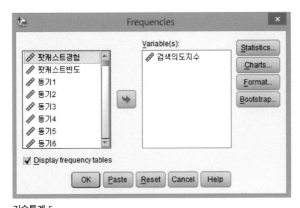

**기술통계 5**

초기 화면으로 돌아간 장면, OK를 클릭한다.

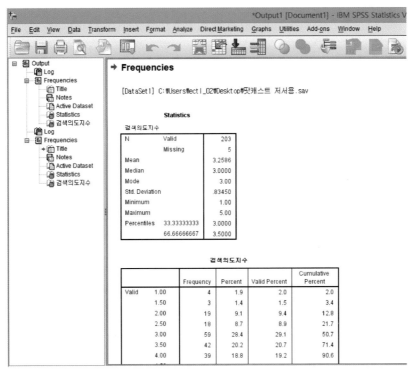

**기술통계 6**

OK 클릭 시 나타나는 결과 장면이다.

## (2) 분석 사례

SPSS를 통해 기초통계분석을 수행하면 다음과 같은 표들이 나타난다. 아래에 제시한 표는 팟캐스트 광고상품 검색의도 지수 변인에 대한 기초통계분석을 수행한 결과를 보여준다.

Statistics
검색의도 지수

| N | Valid | 203 |
|---|---|---|
| | Missing | 5 |
| Mean | | 3.2586 |
| Median | | 3.0000 |
| Mode | | 3.00 |
| Std. Deviation | | .83450 |
| Minimum | | 1.00 |
| Maximum | | 5.00 |
| Percentiles | 33.33333333 | 3.0000 |
| | 66.66666667 | 3.5000 |

위의 표에 의하면 유효한 설문 응답자의 수(N)는 203명이었다. 결측치(Missing)는 5개였다. 팟캐스트 광고상품 검색의도의 경우 '팟캐스트 광고상품을 검색할 의향이 있는지'를 5점 리커트 척도(1: 전혀 그렇지 않다, 5: 매우 그렇다)로 측정한 것이다. 분석 결과 팟캐스트 광고상품 검색의도 지수의 평균점수는 3.26점이었고, 표준편차는 .83이었다. 아울러 중앙값은 3, 최빈값도 3, 최솟값은 1, 최댓값은 1이라는 사실을 확인할 수 있다. 응답치의 33.33%값은 3.00이었고, 66.66%값은 3.50이라는 사실도 확인할 수 있다.

검색의도 지수

| 구분 | | Frequency | Percent | Valid Percent | Cumulative Percent |
|---|---|---|---|---|---|
| Valid | 1.00 | 4 | 1.9 | 2.0 | 2.0 |
| | 1.50 | 3 | 1.4 | 1.5 | 3.4 |
| | 2.00 | 19 | 9.1 | 9.4 | 12.8 |
| | 2.50 | 18 | 8.7 | 8.9 | 21.7 |
| | 3.00 | 59 | 28.4 | 29.1 | 50.7 |
| | 3.50 | 42 | 20.2 | 20.7 | 71.4 |
| | 4.00 | 39 | 18.8 | 19.2 | 90.6 |
| | 4.50 | 10 | 4.8 | 4.9 | 95.6 |
| | 5.00 | 9 | 4.3 | 4.4 | 100.0 |
| | Total | 203 | 97.6 | 100.0 | |
| Missing | System | 5 | 2.4 | | |
| Total | | 208 | 100.0 | | |

위의 표는 총 208명이 설문에 응답했으나 5개는 결측치였고, 203개의 데이터만이 본 분석에 활용되었음을 보여준다.

### 3) 교차분석 방법과 사례

(1) SPSS 분석 방법

**교차분석 조건:** 성별(남, 여)과 팟캐스트 광고 구매경험(있음, 없음) 변인 사이의 빈도(%) 확인을 위해 교차분석하는 상황

**교차분석 절차:**

① 상단메뉴의 Analyze → Descriptive Statistics → Crosstable 클릭

② 새 창의 Row(s)와 Column(s)에 각각 한 개의 변인 투입

③ Statistics 클릭하여 열린 창의 Chi-square를 체크한 뒤 Continue 클릭

④ Cells을 클릭하여 열린 창의 Percentages 항목 3개(Row, Column, Total)를 모두 체크, 현재의 Counts 부분에는 Observed가 클릭되어 있음. 이는 관측빈도임. Expected를 클릭하면 기대빈도*가 도출됨. 사회과학 연구에서는 주로 관측빈도를 파악함. 이후 Continue 클릭

⑤ OK를 클릭하여 분석 결과 확인

**그림을 통해 보는 교차분석 방법:**

교차분석 1

교차분석을 위한 초기 화면, Analyze → Descriptive Statistics → Crosstabs까지의 과정을 보여준다. Crosstabs 버튼을 클릭하면 아래 화면이 나타난다.

---

* 기대빈도는 이론적으로 기대되는 빈도를 의미함. 각 범주의 비율이 같다는 영가설이 진인 실험을 무한히 반복할 경우 나타나는 관찰빈도의 평균값(김양분, 2004)

**교차분석 2**

Crosstabs 버튼 클릭 시 나타나는 창

**교차분석 3**

새로운 창의 Row에 성별(남성, 여성), Column에 팟캐스트 광고 구매 경험(있음, 없음)을 투입한 장면

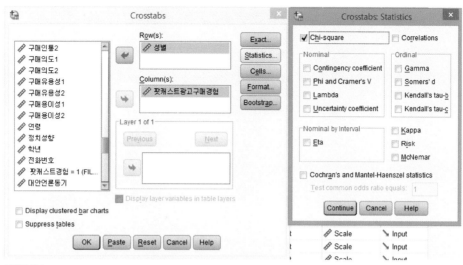

**교차분석 4**

변인 투입 후, 왼쪽 상단 두 번째에 위치한 Statistics를 클릭하면 나타나는 화면, 여기에서 체크해야 할 부분은 Chi-square다. Chi-square를 체크하면, 교차분석의 통계치인 $x^2$에 대한 P값이 나타난다. 체크 후 Continue를 클릭한다.

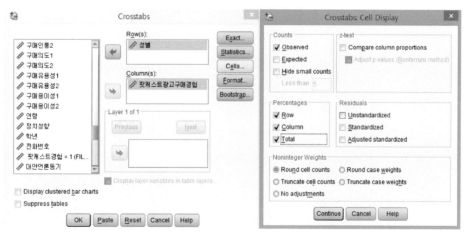

**교차분석 5**

Cells 버튼을 클릭하면, 새로운 창이 나타난다. 여기에서 체크해야 할 부분은 Percentages의 Row, Column, Total 3가지 항목 모두다. 아울러 관측빈도인 경우 Observed를 그대로 두고, 기대빈도인 경우 Expected를 체크한다. 체크가 완료되면 Continue를 클릭한다.

**교차분석 6**

완료 시 OK를 클릭한다.

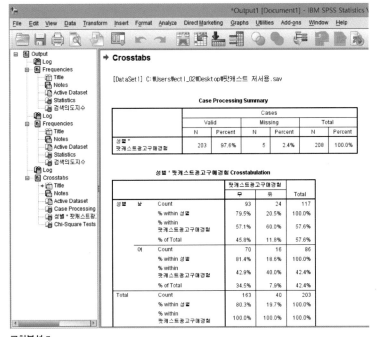

**교차분석 7**

OK 클릭 시 나타나는 결과 화면이다.

(2) 분석 사례

SPSS를 통해 교차분석을 수행하면 다음과 같은 표들이 나타난다. 아래에 제시한 표는 성별(남성, 여성), 팟캐스트 광고상품 구매경험(있음, 없음)에 대한 교차분석 수행결과를 보여준다. 본격적인 분석에 앞서 연구가설과 영가설을 설정해보자.

**연구가설:** 성별과 팟캐스트 광고상품 구매경험은 상호 독립적일 것이다. 즉 차이가 있을 것이다.

**영가설:** 성별과 팟캐스트 광고상품 구매경험은 상호 독립적이지 않을 것이다. 즉 차이가 없을 것이다.

Case Processing Summary

| 구분 | Cases | | | | | |
|---|---|---|---|---|---|---|
| | Valid | | Missing | | Total | |
| | N | Percent | N | Percent | N | Percent |
| 성별과 팟캐스트 광고 구매경험 | 203 | 97.6% | 5 | 2.4% | 208 | 100.0% |

위의 표를 확인해보면, 총 208개의 데이터 가운데, 결측치 5개를 제외한 203개의 데이터가 분석에 활용되었음을 확인할 수 있다.

성별과 팟캐스트 광고 구매경험 Crosstabulation

| 구분 | | | 팟캐스트 광고 구매경험 | | Total |
|---|---|---|---|---|---|
| | | | 무 | 유 | |
| 성별 | 남 | Count | 93 | 24 | 117 |
| | | % within 성별 | 79.5% | 20.5% | 100.0% |
| | | % within 팟캐스트 광고 구매경험 | 57.1% | 60.0% | 57.6% |
| | | % of Total | 45.8% | 11.8% | 57.6% |
| | 여 | Count | 70 | 16 | 86 |
| | | % within 성별 | 81.4% | 18.6% | 100.0% |
| | | % within 팟캐스트 광고 구매경험 | 42.9% | 40.0% | 42.4% |
| | | % of Total | 34.5% | 7.9% | 42.4% |

| 구분 | | 팟캐스트 광고 구매경험 | | Total |
|---|---|---|---|---|
| | | 무 | 유 | |
| Total | Count | 163 | 40 | 203 |
| | % within 성별 | 80.3% | 19.7% | 100.0% |
| | % within 팟캐스트 광고 구매경험 | 100.0% | 100.0% | 100.0% |
| | % of Total | 80.3% | 19.7% | 100.0% |

위의 표를 확인해보면, 남성 중 팟캐스트 광고상품 구매경험이 없는 사람은 93명, 남성 중 팟캐스트 광고상품 구매경험이 있는 사람은 24명, 여성 중 팟캐스트 광고상품 구매경험이 없는 사람은 70명, 여성 중 팟캐스트 광고상품 구매경험이 있는 사람은 16명으로 나타났음을 확인할 수 있다. 전체 빈도의 %와 속성별 빈도의 % 정보도 확인할 수 있다.

Chi-Square Tests

| 구분 | Value | df | Asymp. Sig. (2-sided) | Exact Sig. (2-sided) | Exact Sig. (1-sided) |
|---|---|---|---|---|---|
| Pearson Chi-Square | .114[a] | 1 | .736 | | |
| Continuity Correction[b] | .025 | 1 | .874 | | |
| Likelihood Ratio | .115 | 1 | .735 | | |
| Fisher's Exact Test | | | | .859 | .439 |
| Linear-by-Linear Association | .114 | 1 | .736 | | |
| N of Valid Cases | 203 | | | | |

a. 0 cells (0.0%) have expected count less than 5. The minimum expected count is 16.95.

b. Computed only for a 2x2 table

교차분석 결과 Pearson Chi-square값은 114로 나타났고, 양방향일 때의 P값은 .859로 나타났다. 이는 사회과학 연구의 기준인 .05보다 큰 것으로(p>.05), 영가설이 지지됨을 보여준다. 따라서 성별과 팟캐스트 광고상품 구매경험은 상호 독립적이지 않은 것으로 해석할 수 있다.

### 4) 실습 과제

홈페이지(https://blog.naver.com/solid8181/220964688838) '2. 스마트폰 중독 데이터'를 사용하시오.

### (1) 기초통계분석

문 1. 스마트폰 중독 점수와 관련된 기초통계분석 결과를 구하고자 한다. 다음 표를 채우시오.

Statistics
스마트폰 중독 점수

| N | Valid | |
|---|---|---|
| | Missing | |
| Mean | | |
| Median | | |
| Mode | | |
| Std. Deviation | | |
| Minimum | | |
| Maximum | | |
| Percentiles | 33.33333333 | |
| | 66.66666667 | |

결과 해석:

(2) 교차분석

문 1. 성별과 스마트폰 중독 고저의 교차분석 결과를 구하고자 한다. 다음 표를 채우시오.

Case Processing Summary

| 구분 | Cases | | | | | |
|---|---|---|---|---|---|---|
| | Valid | | Missing | | Total | |
| | N | Percent | N | Percent | N | Percent |
| 성별과 스마트폰 중독 고저 | | | | | | |

성별과 스마트폰 중독 고저 Crosstabulation

| 구분 | | | 스마트폰 중독 고저 | | Total |
|---|---|---|---|---|---|
| | | | 저중독 | 고중독 | |
| 성별 | 남자 | Count | | | |
| | | % within 성별 | | | |
| | | % within 스마트폰 중독 고저 | | | |
| | | % of Total | | | |
| | 여자 | Count | | | |
| | | % within 성별 | | | |
| | | % within 스마트폰 중독 고저 | | | |
| | | % of Total | | | |
| Total | | Count | | | |
| | | % within 성별 | | | |
| | | % within 스마트폰 중독 고저 | | | |
| | | % of Total | | | |

Chi-Square Tests

| 구분 | Value | df | Asymp. Sig. (2-sided) | Exact Sig. (2-sided) | Exact Sig. (1-sided) |
|---|---|---|---|---|---|
| Pearson Chi-Square | | | | | |
| Continuity Correction[b] | | | | | |
| Likelihood Ratio | | | | | |
| Fisher's Exact Test | | | | | |
| Linear-by-Linear Association | | | | | |
| N of Valid Cases | | | | | |

a. 0 cells (0.0%) have expected count less than 5. The minimum expected count is 246.50.
b. Computed only for a 2x2 table

결과 해석:

┌─────────────────────────────────────────────────────────────┐
| 강의 정리 |
| 1. 기술통계분석의 평균과 표준편차, 중간값, 최빈값, 최솟값, 최댓값에 대해 설명하시오. |
| 2. 빈도분석과 교차분석의 차이점에 대해 설명하시오 |
└─────────────────────────────────────────────────────────────┘

## 1) 개념

사회과학 연구에서 t검정(t-test)은 주로 두 집단 간의 평균값의 차이를 확인하기 위해 활용된다. 예컨대 남성과 여성의 평균 키나 몸무게에 차이가 있는지 확인하고자 하거나, 초등학생과 고등학생 간의 영어능력에 차이가 있는지 확인하고자 할 때 t검정을 활용하게 된다. t검정은 독립표본 t검정과 대응표본 t검정으로 구분될 수 있다.

(1) 독립표본 t검정(Independent Samples t-test)

독립표본 t검정은 비교집단이 상호 독립적으로 추출된 상황을 전제로 한다. 서로 다른 두 개의 집단의 평균점수에 유의미한 차이가 있는지 확인하기 위한 통계기법이 독립표본 t검정이다. 여기에서 비교대상이 되는 집단은 2개로 구성된 명목척도의 변인이어야 한다. 아울러 종속변인은 등간척도나 비율척도로 구성되는 것이 원칙이다. 예컨대 남성과 여성의 평균 키의 차이를 살펴보는 연구일 경우, 비교대상이 되는 집단이 상호 독립적인 2개의 집단이고, 키는 비율척도로 구성되어 있다. 이 경우 독립표본 t검정을 통해 두 집단의 평균 키와 표준편차를 각각 확인할 수 있고, 두 집단의 평균 키에 차이가 있다면 그러한 차이가 통계적으로 유의미한 것인지 확인할 수 있다.

(2) 대응표본 t검정(Paired Samples t-test)

대응표본 t검정은 동일한 표본에서 두 변인 간 평균의 차이가 있는지 확인하기 위해 활용하는 통계분석 방법이다. 예컨대 이정기 교수의 SPSS 통계분석 수업을 수강하기 이전의 통계분석 활용 능력에 대한 평가와 수업을 수강한 이후의 학업성취도 인식(통계분석 활용 능력에 대한 평가)에는 차이가 있을 것이다. 대응표본 t검정은 이정기 교수의 수업을 듣기 전후 수강생들의 학업성취도의 평균과 표준편차를 확인할 수 있게 해주고, 이러한 차이가 통계적으로 유의미한지 확인할 수 있게 해준다. 대응표본 t검정은 주로 실험설계, 유사실험설계 등 사전사후 검사의 평균 차이 등에 활용된다(우수명, 2013, 279쪽).

## 2) 독립표본 t검정 방법과 사례

(1) SPSS 분석 방법

**독립표본 t검정 조건:** 성별에 따른 팟캐스트 광고 상품 검색의도(검색의도) 지수의 평균 차이를 확인하기 위한 상황

**독립표본 t검정 절차:**

① 상단메뉴의 Analyze → Compare Means → Independent-Samples T Test 클릭

② Test Variable(s)에 종속변인, Grouping Variable에 독립변인 투입

③ Define Groups 클릭 후 Group 1과 2에 독립변인의 세부 속성을 투입한 뒤(e.g. 남성이 1이고, 여성이 2라면, Group 1에 1, Group 2에 2 투입) Continue 클릭

④ OK를 클릭하여 분석 결과 확인

**그림을 통해 보는 독립표본 t검정 절차:**

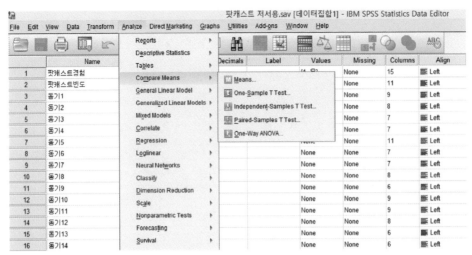

**독립표본 t검정 1**

독립표본 t검정을 위한 초기 화면, Analyze → Compare Means → Independent-Samples T Test까지의 과정, Independent-Samples T Test를 클릭하면 아래의 화면이 나타난다.

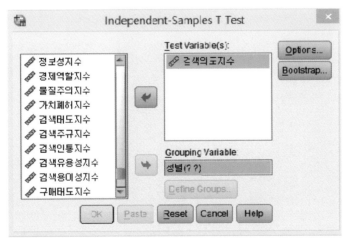

**독립표본 t검정 2**

Independent-Samples T Test를 클릭 시 나타나는 화면, 화면의 왼쪽 부분에는 연구자가 설문을 한 모든 변인이 나타난다. 아울러 Test Variable(s) 부분에는 종속변인(검색의도 지수)을 투입, Grouping Variable 부분에는 독립변인(성별)을 투입한다. 성별은 1이 남성, 2가 여성으로 정의되었다. Grouping Variable에 성별을 투입했다면, 바로 밑부분에 위치한 Define Groups를 클릭한다.

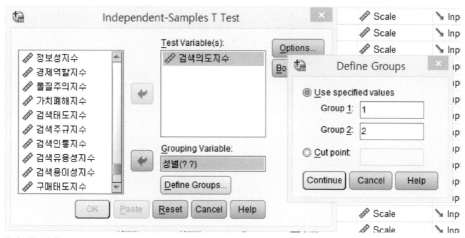

**독립표본 t검정 3**

Define Groups를 클릭하면 오른쪽에 보이듯 작은 창이 열린다. Group 1에는 1을 입력한다. 아울러 Group 2에는 2를 입력한다. 이는 Group 1이 남성, Group 2는 여성이라는 의미다. 만약 남성을 2로, 여성을 4로 코딩했다면, Group 1에는 2, Group 2에는 4를 입력해야 한다. 입력되었다면 Continue를 클릭한다.

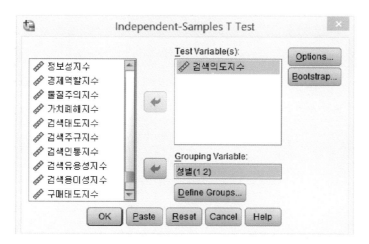

**독립표본 t검정 4**

그룹 설정이 완료된 후 장면이다. 이후 OK 버튼을 클릭한다. 그러면 결과 화면이 나타난다.

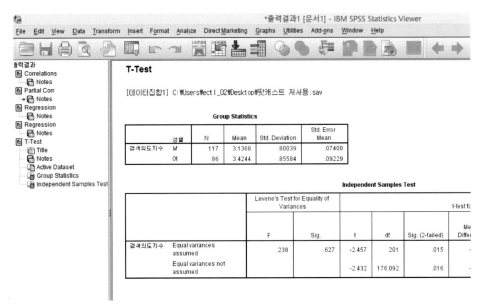

**독립표본 t검정 5**

독립표본 t검정 결과 화면이다. 독립표본 t검정 결과 2개의 표가 나타난다.

(2) 분석 사례

독립표본 t검정을 수행하면, 다음과 같은 2개의 표가 나타난다. 첫 번째 표에는 기술통계 정보(평균, 표준편차)가 담겨 있고, 두 번째 표에는 두 개 변인의 등분산 가정 여부와 t검정 결과가 담겨 있다. 표의 본격적인 해석에 앞서 독립표본 t검정에 관한 연구문제와 연구가설(영가설)을 설정해보자. 여기에서 팟캐스트 검색의도는 5점 척도(1: 전혀 없다, 5: 매우 있다)로 측정하였다고 가정하자.

**연구문제:** 성별(남성, 여성)에 따른 팟캐스트 광고 상품 검색의도에는 어떠한 차이가 있는가?

**연구가설:** 성별(남성, 여성)에 따른 팟캐스트 광고 상품 검색의도에는 차이가 있을 것이다.

(영가설: 성별(남성, 여성)에 따른 팟캐스트 광고 상품 검색의도에는 차이가 없을 것이다.)

Group Statistics

| 구분 | 성별 | N | Mean | Std. Deviation | Std. Error Mean |
|---|---|---|---|---|---|
| 검색의도 지수 | 남 | 117 | 3.1368 | .80039 | .07400 |
| | 여 | 86 | 3.4244 | .85584 | .09229 |

위에 제시한 표는 독립표본 t검정 시 도출되는 첫 번째 표다. 남성과 여성의 팟캐스트 광고상품 검색의도의 차이를 확인하기 위해 독립표본 t검정을 수행한 결과의 기본적 정보를 담고 있다. N은 사례수다. 남성 117명, 여성 86명이 설문에 응답했다는 것을 의미한다. Mean은 평균, Std. Deviation은 표준편차다. 즉 남성의 팟캐스트 광고상품 검색의도는 평균 3.14, 표준편차 .81이라는 사실을 확인할 수 있다. 여성의 팟캐스트 광고상품 검색의도는 평균 3.42, 표준편차 .86이라는 사실을 확인할 수 있다. 즉 팟캐스트 광고상품 검색의도는 남성(M=3.14, SD=.80)보다 여성(M=3.42, SD=.86)이 상대적으로 높았다.

Independent Samples Test

| 구분 | | Levene's Test for Equality of Variances | | t-test for Equality of Means | | | | | | |
|---|---|---|---|---|---|---|---|---|---|---|
| | | F | Sig. | t | df | Sig. (2-tailed) | Mean Difference | Std. Error Difference | 95% Confidence Interval of the Difference | |
| | | | | | | | | | Lower | Upper |
| 검색의도 지수 | Equal variances assumed | .238 | .627 | -2.457 | 201 | .015 | -.2876 | .1170 | -.51853 | -.05680 |
| | Equal variances not assumed | | | -2.432 | 176.0 | .016 | -.2876 | .1182 | -.52111 | -.05422 |

위에 제시한 표는 앞선 표에서 남성보다 여성이 팟캐스트 광고상품 검색의도가 상대적으로 높다는 기술적 통계 결과가 유의미한 것인지 보여준다. 이는 2차례의 분석을 통

해 확인할 수 있다. 등분산 검정(Leven's test for equality)과 t검정이다.

첫째, 등분산 검정 결과는 'Levene's Test for Equality of Variances'라고 쓰여 있는 왼쪽 부분의 F와 Sig.값을 통해 확인할 수 있다. 참고로 서로 다른 두 집단의 분산이 동일한 경우를 등분산이라고 지칭한다. 두 집단 간의 분산이 다르면 t검정 결과가 달라진다. 따라서 만약 등분산이 가정된다면, 'Equal variances assumed'가 쓰여 있는 윗줄의 t값과 df, Sig.값을 읽어야 한다. 아울러 만약 등분산이 가정되지 않는다면, 'Equal variances not assumed'가 쓰여 있는 아랫줄의 t값과 df, Sig.값을 읽어야 한다. 등분산 가정을 확인하기 위해서는 등분산에 대한 연구가설과 영가설을 설정한 후 영가설 기각 여부(연구가설지지 여부)를 확인해야 한다.

**등분산의 연구가설:** 두 집단(남, 여)의 분산에는 차이가 있을 것이다(등분산 가정되지 않음).
**등분산의 영가설:** 두 집단(남, 여)의 분산에는 차이가 없을 것이다(등분산 가정).

Levene's Test for Equality of Variances의 F값은 .238로 나타났다. 아울러 Sig.값은 .627로 나타나 사회과학 연구의 유의도 기준치인 .05보다 컸다(p>.05). 따라서 이 경우 영가설이 지지된다. 이는 등분산이 가정된다는 것을 의미한다. 따라서 'Equal variances assumed'라고 쓰인 윗줄의 t값과 df, sig.값을 읽어야 한다(팁! 등분산 가정 부분의 P값이 .05보다 클 경우(p>.05) 위쪽 t값을, 등분산 가정 부분의 P값이 .05보다 작을 경우(p<.05) 아래쪽 t값을 읽어주면 된다). 등분산 가정 여부를 확인했다면, t검정 결과의 연구가설과 영가설을 다시 한 번 확인하자.

**연구가설:** 성별(남, 여)에 따른 팟캐스트 광고상품 검색의도에는 차이가 있을 것이다.
**영가설:** 성별(남, 여)에 따른 팟캐스트 광고상품 검색의도에는 차이가 없을 것이다.

두 번째, t검정 결과는 'Equal variances assumed'이라고 쓰인 윗줄의 통곗값(t, df, sig.값)을 통해 확인할 수 있다. 분석 결과에 의하면 t= −2.457, df는 201, 유의수준은 .015로 나

타났다. 이는 사회과학 연구의 일반적 유의수준인 .05보다 작은 것이다(p<.05). 따라서 영
가설은 기각되고, 연구가설이 지지된다. 이는 성별(남, 여)에 따라 팟캐스트 광고상품 검색
의도에 차이가 있음을 보여준다. 앞선 기술통계 결과에 의하면 여성의 팟캐스트 광고상
품 검색의도가 남성에 비해 높은 것으로 나타났다. t검정 결과 여성(M=3.45, SD=.86)이 남
성(M=3.14, SD=.80)에 비해 팟캐스트 광고상품 검색의도가 높다는 결과는 통계적으로 유의
미한 것으로 나타났다(t=-2.457, df=201, p<.05).

### (3) 논문 사례

결과의 기술: 성별에 따른 팟캐스트 광고상품 검색의도의 차이를 확인하기 위해 독립
표본 t검정을 수행하였다. 그 결과 남성의 팟캐스트 광고상품 검색의도는 평균 3.14점
(SD=.80)으로 여성의 팟캐스트 광고상품 검색의도 평균 3.42점(SD=.86)보다 낮았다. 즉 표
면적으로 여성이 남성에 비해 팟캐스트 광고상품 검색의도가 높다는 사실을 확인할 수
있다. t검정 결과 이러한 차이는 통계적으로 유의미한 것으로 나타났다(t=-2.457, p<.05). 결
과적으로 여성은 남성에 비해 팟캐스트 광고상품 검색의도가 높은 것으로 나타났다.

〈성별에 따른 팟캐스트 광고상품 검색의도의 차이〉

| 구분 | | 팟캐스트 광고상품 검색의도 M(SD) | t값 |
|---|---|---|---|
| 성별 | 남성 | 3.14(SD=.80) | -2.457* |
| | 여성 | 3.42(SD=.86) | |

*p<.05

해석: 앞선 독립표본 t검정 사례 분석에서는 독립표본 t검정 사례를 1) 기술통계 읽기,
2) 등분산 가정 결과 확인하기, 3) t검정 결과 확인하기라는 3단계 과정을 통해 해석했
다. 그러나 실제 사회과학 논문에서는 이러한 단계가 생략된 후 간단한 통계정보만을 기
술해준다. 두 집단의 평균과 표준편차를 기술하고, 등분산 가정 여부의 기술은 생략한다.
이후 최종 단계의 t값만을 적시한 후, t값의 옆 칸에 별을 통해 통계치의 유의수준을 기

술해준다. 위의 표 t값에는 −2.457*라고 표시되어 있고, 표의 아랫부분에는 '*'이 어떤 의미인지가 설명되어 있다. 즉 −2.457*이라는 의미는 95% 유의수준에서 두 집단 간의 평균에 차이가 있다는 의미다. 만약 t값에 −2.457**라고 적시되어 있다면, 표 아래에는 p<.01이라고 표시되어 있을 것이고, −2.457***이라고 적시되어 있다면, 표 아래는 p<.001 이라고 표시되어 있을 것이다. 즉 별 하나는 통계치가 .05 수준에서 유의미하다는 것을 의미한다(*p<.05). 별 두 개는 통계치가 .01 수준에서 유의미하다는 것을 의미한다(**p<.01). 별 세 개는 통계치가 .01 수준에서 유의미하다는 것을 의미한다(***p<.001). 만약 t값이라는 칸에 별(*)이 없다면, 두 집단 간에 유의미한 차이가 없다는 것을 의미한다.

### 3) 대응표본 t검정 방법과 사례

(1) SPSS 분석 방법

**대응표본 t검정 조건:** 팟캐스트 (이용) 이전 사회관심도와 팟캐스트 (이용) 이후 사회관심도의 평균에 차이가 있는지 확인하기 위한 상황

**대응표본 t검정 절차:**

① 상단메뉴의 Analyze → Compare Means → Paired-Samples T Test 클릭

② Paired 1의 Variable 1과 2에 평균을 비교하고자 하는 2개 변인을 투입

③ OK를 클릭하여 분석 결과 확인

**그림을 통해 보는 대응표본 t검정 절차:**

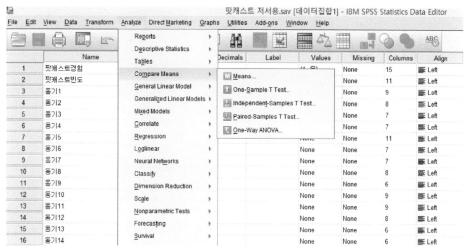

**대응표본 t검정 1**

대응표본 t검정을 위한 초기 화면, Analyze → Compare Means → Paired-Samples T Test까지의 과정, Paired-Samples T Test를 클릭하면 아래의 화면이 나타난다.

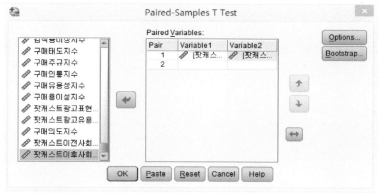

**대응표본 t검정 2**

Paired-Samples T Test를 클릭하면 나타나는 화면, Pair 1의 Variable 1과 2에 평균을 비교하고자 하는 2개 변인을 왼쪽 창에서 끌어다 놓는다. 그리고 아랫부분에 위치한 OK 버튼을 누른다.

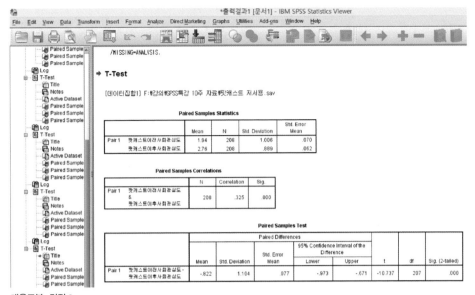

**대응표본 t검정 3**

OK 버튼을 누르면 위와 같은 대응표본 t검정 결과표가 나타난다. 대응표본 t 검정 결과 3개의 표가 나타난다.

(2) 분석 사례

대응표본 t검정을 수행하면, 아래와 같은 3개의 표가 나타난다. 팟캐스트 이용자들의 팟캐스트 이용 이전의 사회관심도와 팟캐스트 이용 이후의 사회관심도에 어떠한 차이가 있는지 확인하기 위한 대응표본 t검정 결과다. 여기에서 사회관심도는 사회와 정치에 대한 관심수준으로 5점 척도(1: 전혀 관심 없음, 5: 매우 관심 있음)로 측정했다고 가정하자. 먼저 연구가설과 영가설을 설정해보자.

**연구가설:** 팟캐스트 이용자들의 팟캐스트 이용 전과 후의 사회관심도에는 차이가 있을 것이다.

**영가설:** 팟캐스트 이용자들의 팟캐스트 이용 전과 후의 사회관심도에는 차이가 없을 것이다.

이제 본격적으로 대응표본 t검정 표를 해석해보자.

Paired Samples Statistics

| 구분 | | Mean | N | Std. Deviation | Std. Error Mean |
|---|---|---|---|---|---|
| Pair 1 | 팟캐스트 이전 사회관심도 | 1.94 | 208 | 1.006 | .070 |
| | 팟캐스트 이후 사회관심도 | 2.76 | 208 | .889 | .062 |

첫 번째 표는 팟캐스트 이용자들의 팟캐스트 이용 전 사회관심도와 이용 후 사회관심도에 대한 기술통계 결과를 보여준다. 분석 결과에 의하면 팟캐스트 이용 이전의 사회관심도(M=1.94, SD=1.01)보다 팟캐스트 이용 이후의 사회관심도(M=2.76, SD=.89)가 상대적으로 높다는 점을 확인할 수 있다. 우리는 이러한 기술통계 수치가 통계적으로 유의미한지 확인해야 한다. 다음 표를 확인해보자.

Paired Samples Test

| 구분 | | Paired Differences | | | | | t | df | Sig. (2-tailed) |
|---|---|---|---|---|---|---|---|---|---|
| | | Mean | Std. Deviation | Std. Error Mean | 95% Confidence Interval of the Difference | | | | |
| | | | | | Lower | Upper | | | |
| Pair 1 | 팟캐스트 이전 사회관심도 − 팟캐스트 이후 사회관심도 | -.822 | 1.104 | .077 | -.973 | -.671 | -10.73 | 207 | .000 |

두 번째 표는 대응표본 t검정 결과를 보여주는 표다. 독립표본 t검정과 달리 등분산 가정이 필요치 않다는 점을 확인할 수 있다. 독립표본 t검정은 서로 독립적인 다른 집단 간의 평균을 비교하기 때문에 등분산 가정이 필요한 것인 반면, 대응표본 t검정 같은 집단의 전후를 비교하는 것이기 때문에 등분산 가정이 필요하지 않다는 점을 기억해두자. 두 번째 표는 매우 복잡해 보인다. 그러나 여기서 우리가 읽어야 할 부분은 표의 오른쪽에 위치한 3개 통계치(t, df, Sig.)다. t값은 −10.73, df=207, p값은 .000으로 나타났다. p값이

.05보다 작으므로 영가설은 기각된다. 따라서 두 집단 사이에는 유의미한 차이가 있다고 해석할 수 있다.

종합적으로 본 대응표본 t검정의 분석 결과는 다음과 같이 표현할 수 있다. "팟캐스트 이용자들의 팟캐스트 이용 전과 후의 사회관심도를 확인하기 위해 대응표본 t검정을 수행했다. 그 결과 팟캐스트 이용 이전의 사회관심도(M=1.94, SD=1.01)보다 팟캐스트 이용 이후의 사회관심도(M=2.76, SD=.89)가 상대적으로 높다는 점을 확인할 수 있다. 이러한 차이는 통계적으로 유의미한 것으로 나타났다(t=10.73, df=207, p<.001)."

(3) 논문 사례

결과의 기술: 팟캐스트 이용자들을 대상으로 팟캐스트 이용 이전과 팟캐스트 이용 이후의 사회관심도에 차이가 있는지 확인하였다. 그 결과 팟캐스트 이용 이후의 사회관심도(M=2.76, SD=.89)가 팟캐스트 이용 이전의 사회관심도(M=1.94, SD=1.01)보다 높은 것으로 나타났다. 아울러 이러한 차이는 99.9% 수준에서 통계적으로 유의미했다(t=-10.73, p<.001). 즉 팟캐스트 이용 이전보다 이후에 사회관심도가 통계적으로 유의미하게 높아진다는 사실을 확인할 수 있다.

〈팟캐스트 이용 전후 사회관심도의 차이〉

| 구분 | 사회관심도 M(SD) | t값 |
|---|---|---|
| 팟캐스트 이용 이전 | 1.94(SD=1.01) | -10.73*** |
| 팟캐스트 이용 이후 | 2.76(SD=.89) | |

***p<.001

### 4) 실습 과제

홈페이지(https://blog.naver.com/solid8181/220964688838) '2. 스마트폰 중독 데이터'를 사용하시오.

### (1) 독립표본 t검정

문 1. 성별(남성 1, 여성 2)에 따른 스마트폰 중독 점수의 차이를 확인하시오.

영가설:


연구가설:


분석 결과 1: 다음 표를 채우시오.

| 구분 | 성별 | N | Mean | Std. Deviation | Std. Error Mean |
|---|---|---|---|---|---|
| 스마트폰 중독 점수 | 남자 | | | | |
| | 여자 | | | | |


| 구분 | | Levene's Test for Equality of Variances | | t-test for Equality of Means | | |
|---|---|---|---|---|---|---|
| | | F | Sig. | t | df | Sig. (2-tailed) |
| 스마트폰 중독 점수 | Equal variances assumed | | | | | |
| | Equal variances not assumed | | | | | |


분석 결과 2: 다음 표를 채우시오.

| 구분 | | 스마트폰 중독 점수 M(SD) | t값 |
|---|---|---|---|
| 성별 | 남성 | | |
| | 여성 | | |

(2) 대응표본 t검정

문 1. 스마트폰 이용 전후 오프라인상의 가족 간 대화량에 변화가 있는지 확인하시오.
대화량은 5점 척도로 측정되었다(1: 전혀 없다, 5: 매우 많다).

영가설:

연구가설:

분석 결과 1: 다음 표를 채우시오.

| 구분 | | Mean | N | Std. Deviation | Std. Error Mean |
|---|---|---|---|---|---|
| Pair 1 | 스마트폰 이용 전 대화량 | | | | |
| | 스마트폰 이용 후 대화량 | | | | |

| 구분 | | Paired Differences | | | t | df | Sig. (2-tailed) |
|---|---|---|---|---|---|---|---|
| | | Mean | Std. Deviation | Std. Error Mean | | | |
| Pair 1 | 스마트폰 이용 전 가족 대화량 – 스마트폰 이용 후 가족 대화량 | | | | | | |

분석 결과 2: 다음 표를 채우시오.

| 구분 | 가족 대화량 M(SD) | t값 |
|---|---|---|
| 스마트폰 이용 전 | | |
| 스마트폰 이용 후 | | |

결과 해석:

**강의 정리**

1. t검정을 하는 이유가 무엇인지 설명하시오.

2. 독립표본 t검정과 대응표본 t검정에 대해 설명하고, 두 분석 방법의 차이를 설명하시오.

| 7 | **ANOVA의 이해** |
|---|---|

## 1) 개념

### (1) ANOVA의 정의

ANOVA는 변량분석, 분산분석, F검정 등 다양한 이름으로 지칭된다. 변량분석은 한 변인 내에 있는 두 개의 이상의 독립변인 사이에 평균값이 얼마나 차이가 나는지 확인하는 데 필요한 분석 방법이다(우수명, 2013, 287쪽). 일반적으로 두 개의 독립표본에 대한 평균값의 차이는 t검정을 통해 확인한다. 따라서 ANOVA는 주로 세 개 이상의 독립표본의 평균값의 차이를 확인하는 데 활용된다고 기억해두는 것이 좋다.

ANOVA는 분포의 정상성(모든 집단이 정규 분포여야 한다는 것), 측정의 독립성(모든 집단의 측정치가 독립적으로 측정되어야 한다는 것), 등간척도 이상의 측정 수준(종속변인이 등간척도나 비율척도여야 한다는 것)이라는 기본 가정이 충족되어야 분석이 가능하다.

### (2) ANOVA의 종류

사회과학 논문에서 주로 활용하는 ANOVA에는 One-Way ANOVA(일원 배치 변량분석)와 Two-Way ANOVA(이원 배치 변량분석)가 있다. One-Way ANOVA는 독립변인이 1개지만, 독립변인을 구성하는 집단이 3개 이상일 경우의 평균 차이를 확인하기 위한 분석 방법이다. Two-Way ANOVA는 독립변인이 2개이나 독립변인을 구성하는 집단이 2개 이상일 경우의 평균 차이를 확인하기 위한 분석 방법이다.

예컨대 초등학생과 중학생, 고등학생 사이의 스마트폰 중독 점수의 차이를 확인하기 위해서는 One-Way ANOVA, 성별(남성, 여성), 연령(10대, 20대)에 따른 스마트폰 중독 점수의 차이를 확인하기 위해서는 Two-Way ANOVA를 활용하면 된다. 사회과학 논문에서 주로 활용되는 ANOVA는 One-Way ANOVA다.

### (3) ANOVA vs t검정

t검정은 2개 집단의 평균 차이를 검증하는 통계기법이다. 그러나 ANOVA는 3개 이상인 집단의 평균 차이를 검증하는 통계기법이다. 따라서 ANOVA는 t검정의 연장이라고 볼 수 있다(강주희, 2010, 154쪽). t검정과 ANOVA의 공통점은 집단 간의 평균 차이를 확인하는 것에 있다. 이를 위해서는 서로 독립적인 복수의 집단이 필요하고, 종속변인은 등간척도 이상으로 구성되어야 한다.

사례를 들어보자. 사례에서 분포의 정상성은 무시하기로 한다. 만약, 초졸, 중졸, 고졸, 대졸, 대학원졸이라는 학력을 가진 집단의 연 평균 영화 관람 비용에 차이가 있는지 조사한다고 가정해보자. 이 경우 독립변인으로 설정한 학력이 상호 독립적인 집단이 5개로 구분되고, 종속변인으로 설정한 영화 관람 비용을 비율척도로 볼 수 있기 때문에 ANOVA를 통해 집단 간 차이 여부를 어렵지 않게 확인할 수 있다. 그러나 이러한 차이는 초졸과 중졸, 초졸과 고졸, 초졸과 대졸, 초졸과 대학원졸, 중졸과 고졸, 중졸과 대졸, 중졸과 대학원졸, 고졸과 대졸, 고졸과 대학원졸, 대졸과 대학원졸 사이의 연평균 영화 관람 비용의 차이가 있는지를 확인하여 알 수도 있다. 두 집단 간의 평균 차이는 t검정을 통해 확인할 수 있다. 즉 ANOVA를 통해 확인할 수 있는 집단 간 차이는 다수의 t검정을 통해서도 규명할 수 있다. 다만, 이 경우 시간이 많이 필요하고, 번거로울 뿐 아니라 통계적으로도 문제가 발생할 수 있다. 여러 차례 차이의 유의도를 t검정을 통해 확인할 경우 1종 오류가 커질 수 있다(강주희, 2010, 154쪽). 따라서 1차례의 ANOVA 분석을 수행하는 것이 효과적이다. 결과적으로 성별에 따른 평균 차이 검증과 같이 명확히 2개 집단 간의 차이를 검증하는 것이라면, t검정을 학력(초, 중, 고)과 같이 명확히 3개 집단 이상으로 구성된 집단 간의 평균 차이를 검증하는 것이라면 ANOVA를 활용하는 것이 좋다.

2) One-Way ANOVA 방법과 사례

(1) SPSS 분석 방법

**One-Way ANOVA 조건:** 연령(저, 중, 고)에 따른 팟캐스트 광고 상품 검색의도(검색의도) 지수의 평균 차이를 확인하기 위한 상황

**One-Way ANOVA 절차:**

① 상단메뉴의 Analyze → Compare Means → One-Way ANOVA 클릭

② 새 창의 Dependent List에 종속변인을 투입한 뒤 Factor에 독립변인 투입

③ Option을 클릭한 뒤 열리는 새 창에서 Descriptive 체크, Continue 클릭

④ OK를 클릭하여 분석 결과 확인

**그림으로 보는 One-Way ANOVA 방법:**

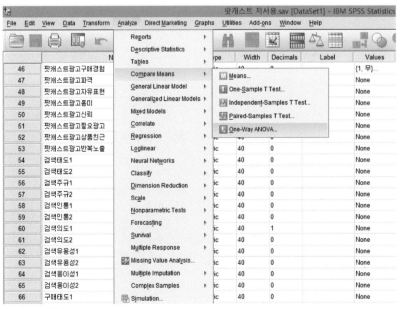

One-Way ANOVA 1

One-Way ANOVA 실행 시 초기 화면, Analyze → Compare Means → One-Way ANOVA까지의 단계를 보여준다.

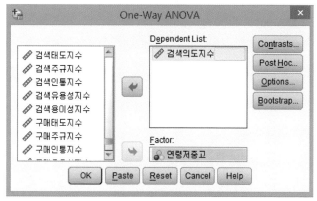

One-Way ANOVA 2

One-Way ANOVA 클릭 시의 화면, Factor에 독립변인인 연령 저, 중, 고 변인을 투입하고, Dependent List에 종속변인인 검색의도(팟캐스트 광고상품 검색의도)를 투입한 장면이다.

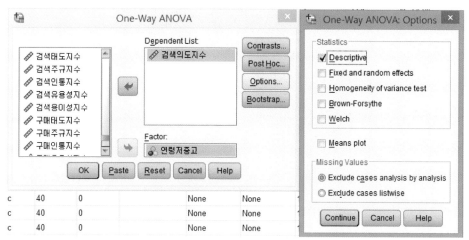

One-Way ANOVA 3

Option을 클릭하여 새로운 창이 나타난 모습, 새로운 창에서 Descriptive를 체크한 후 Continue 버튼을 누른다.

One-Way ANOVA 4

Continue 버튼을 누르면, 새롭게 나타났던 창이 사라진다. 그 후 독립변인과 종속변인이 투입되어 있는 창의 아래쪽 OK 버튼을 누르면, 분석 결과가 나타난다.

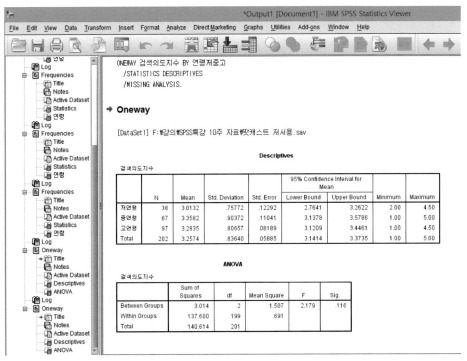

One-Way ANOVA 5

One-Way ANOVA 분석 결과가 나타난 화면, 두 개의 표를 확인할 수 있다. 만약 분석 결과 집단 간 차이가 유의미하지 않다면, 사후검정을 하지 않고 분석을 종료한다. 집단 간 차이가 유의미하게 나타날 경우 사후검정을 수행해야 한다. 사후검정 절차는 아래 그림들을 참고하면 된다.

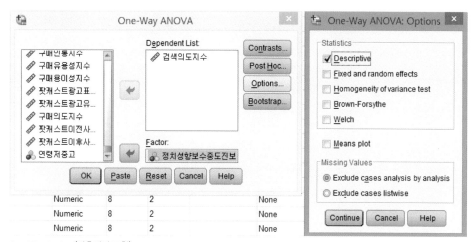

| Numeric | 8 | 2 | None |
| Numeric | 8 | 2 | None |
| Numeric | 8 | 2 | None |

One-Way ANOVA(사후검정 포함) 6

One-Way ANOVA 클릭 후의 화면, Factor에 독립변인인 정치성향 보수, 중도, 진보 변인을 투입하고, Dependent List에 종속변인인 검색의도(팟캐스트 광고상품 검색의도)를 투입한 후, Option을 클릭하여 나타난 새로운 창에서 Descriptive를 체크한 후 Continue 버튼을 누른다.

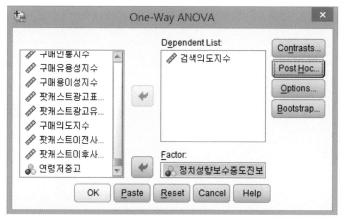

One-Way ANOVA(사후검정 포함) 7

Continue 버튼을 누르면, 새롭게 나타났던 창이 사라진다. 그 후 독립변인과 종속변인이 투입되어 있는 창의 아래쪽 OK 버튼을 누르면, 분석 결과가 나타난다.

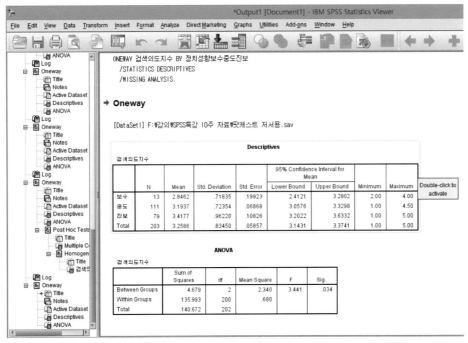

One-Way ANOVA(사후검정 포함) 8

One-Way ANOVA 분석 결과가 나타난 화면, 두 개의 표를 확인할 수 있다.

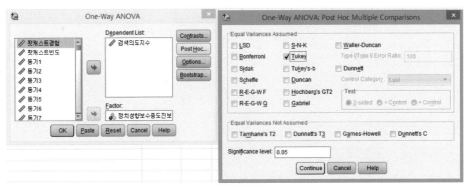

One-Way ANOVA(사후검정 포함) 9

분석 결과 확인 후 집단 간의 유의미한 차이가 발견된다면, 사후검정을 수행해야 한다. 사후검정을 위해서는 오른쪽에 위치한 메뉴인 Post Hoc 버튼을 누른다. 버튼을 누르면 화면 오른쪽에서 확인할 수 있듯 새로운 창이 나타난다. 여기에서 Tukey를 찾아 체크한다. Tukey 방식의 사후검정을 하겠다는 의미다. 일반적으로 사회과학 연구에서 주로 활용되는 사후검정 방법은 Tukey와 Scheffe가 있다. 어떠한 방식으로 사후검정을 수행하던 큰 차이는 없다. Tukey 체크 후에는 Continue 버튼을 누른다.

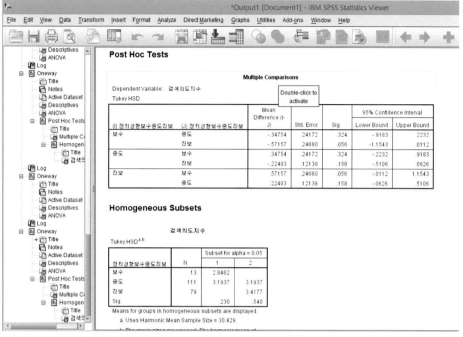

One-Way ANOVA(사후검정 포함) 10

분석 결과가 나타난 화면이다. 사후검정 결과가 함께 나타난다는 사실을 확인할 수 있다.

(2) 분석 사례

One-Way ANOVA를 하면 다음과 같은 표가 나타난다. 표의 본격적인 해석에 앞서 One-Way ANOVA에 대한 연구문제와 연구가설(영가설)을 설정해보자.

**연구문제:** 정치성향(보수, 중도, 진보)에 따라 팟캐스트 광고상품 검색의도에는 어떠한 차이가 있는가?

**연구가설:** 정치성향(보수, 중도, 진보)에 따른 팟캐스트 광고상품 검색의도는 유의미한 차이가 있을 것이다.

**영가설:** 정치성향(보수, 중도, 진보)에 따른 팟캐스트 광고상품 검색의도에는 유의미한 차이가 없을 것이다.

Descriptives
검색의도 지수

| 구분 | N | Mean | Std. Deviation | Std. Error | 95% Confidence Interval for Mean | | Minimum | Maximum |
|---|---|---|---|---|---|---|---|---|
| | | | | | Lower Bound | Upper Bound | | |
| 보수 | 13 | 2.8462 | .71835 | .19923 | 2.4121 | 3.2802 | 2.00 | 4.00 |
| 중도 | 111 | 3.1937 | .72354 | .06868 | 3.0576 | 3.3298 | 1.00 | 4.50 |
| 진보 | 79 | 3.4177 | .96220 | .10826 | 3.2022 | 3.6332 | 1.00 | 5.00 |
| Total | 203 | 3.2586 | .83450 | .05857 | 3.1431 | 3.3741 | 1.00 | 5.00 |

위에 제시한 표는 One-Way ANOVA 분석 시 도출되는 기술통계표다. 여기에서 해석할 부분은 평균과 표준편차다. 구체적으로 보수집단의 팟캐스트 광고상품 검색의도 (M=2.85, SD=.72)보다 중도집단의 팟캐스트 광고상품 검색의도(M=3.19, SD=.72)가 높고, 중도집단보다 진보집단의 팟캐스트 광고상품 검색의도(M=3.42, SD=.97)가 높다는 사실을 확인할 수 있다. 다만, 이는 표면적인 결과로, 이러한 차이가 통계적으로 유의미한 차이인지를 확인하기 위해서는 아래에 제시된 통계표를 해석해야 한다.

ANOVA
검색의도 지수

| 구분 | Sum of Squares | df | Mean Square | F | Sig. |
|---|---|---|---|---|---|
| Between Groups | 4.679 | 2 | 2.340 | 3.441 | .034 |
| Within Groups | 135.993 | 200 | .680 | | |
| Total | 140.672 | 202 | | | |

위에 제시한 표는 정치성향에 따라 팟캐스트 광고상품 검색의도에 차이가 존재할 것이라는 연구가설의 채택, 기각 여부를 보여준다. 여기에서 확인해야 할 통계치는 F값과 F값의 유의수준, 즉 Sig.다. F값은 3.441로 나타났고, P값은 .034로 기준치인 .05보다 작다는 사실을 확인할 수 있다. 이는 연구가설이 지지됨을 보여준다. 즉 보수, 중도, 진보라는 정치성향에 따른 팟캐스트 광고상품 검색의도에는 유의미한 차이가 있다(F=3.441, p<.05).

이는 앞서 설정한 연구가설이 지지됨을 보여주는 결과다. 다만, 이러한 차이는 세 집단 간의 차이이지, 개별 변인 사이의 차이가 아니다. 개별 변인 간의 차이를 확인하기 위해서는 사후검정이 필요하다.

Multiple Comparisons
Dependent Variable: 검색의도 지수
Tukey HSD

| (I) 정치성향 | (J) 정치성향 | Mean Difference (I-J) | Std. Error | Sig. | 95% Confidence Interval | |
|---|---|---|---|---|---|---|
| | | | | | Lower Bound | Upper Bound |
| 보수 | 중도 | -.34754 | .24172 | .324 | -.9183 | .2232 |
| | 진보 | -.57157 | .24680 | .056 | -1.1543 | .0112 |
| 중도 | 보수 | .34754 | .24172 | .324 | -.2232 | .9183 |
| | 진보 | -.22403 | .12138 | .158 | -.5106 | .0626 |
| 진보 | 보수 | .57157 | .24680 | .056 | -.0112 | 1.1543 |
| | 중도 | .22403 | .12138 | .158 | -.0626 | .5106 |

위의 표는 사후검정 결과를 보여준다. 앞선 F값과 유의도 확인에서 집단 간 유의미한 차이가 도출된다면, 사후검정을 해야 한다. 사후검정은 t검정을 여러 번 하여, 두 집단 간의 차이의 유의미성을 보여준다고 생각하면 된다. 만약, 앞선 통계치 확인에서 세 집단(정치성향) 간 유의미한 차이가 도출되지 않았다면, 사후검정은 불필요하다. 그러나 앞선 통계치 확인에서 세 집단(정치성향) 간에 유의미한 차이가 발견되었기 때문에 사후검정을 해야 한다.

사후검정 결과표에서 확인해야 할 부분은 유의수준(Sig.)이다. P값이 사회과학 연구에서의 일반적인 유의도 기준인 .05보다 작을 경우 두 집단 사이에 유의미한 차이가 있다고 해석할 수 있다. 예컨대 보수와 중도의 P=.324다. .342는 .05보다 크다. 따라서 두 집단 간에는 유의미한 차이가 없다고 해석해야 한다. 아울러 보수와 진보의 경우 P=.056이다. 이는 .05보다 크다. 따라서 엄밀하게 보면, 보수와 진보 사이에도 유의미한 차이가 존재하지 않는다고 해석해야 한다. 그러나 일부 사회과학 연구의 경우 90% 유의수준도 허용한다. 따라서 보수와 진보 사이의 차이는 90% 유의수준에서 유의미하다고 볼 수도 있다. 한편, 중도와 보수의 P값=.324로 두 집단 간에는 유의미한 차이가 없다고 해석해야 한다.

결과적으로 95% 유의수준에서 보면, 모든 집단 간에 유의미한 차이가 존재하지 않는다고 해석해야 한다. 그러나 90% 유의수준에서 보면, 앞선 One-Way ANOVA 결과 나타난 3집단 간의 차이는 보수집단과 진보집단 간의 차이에서 기인했다는 점을 확인할 수 있다.

(3) 논문 사례

본 챕터에 제시한 논문 사례는 앞 챕터에서 제시된 One-Way ANOVA 분석 결과가 논문의 형식으로 정리되는 모습을 보여준다.

**결과의 기술:** 정치성향(보수, 중도, 진보)에 따라 팟캐스트 광고상품 검색의도에 차이가 있는지 확인하기 위해 One-Way ANOVA 분석을 수행했다. 먼저 기술통계분석 결과 진보집단(M=3.42, SD=.96), 중도집단(M=3.19, SD=.72), 보수집단(M=2.85, SD=.72)의 순으로 팟캐스트 광고상품 검색의도가 높게 나타나고 있음을 확인했다. 아울러 이러한 차이는 통계적으로 유의미한 것임을 확인하였다(F=3.441, p<.05). 아울러 Tukey 방식의 사후검정을 통해 어떠한 집단에서 차이가 나타나는지 확인했다. 그 결과 보수와 진보 사이의 팟캐스트 광고상품 검색의도에서만 통계적으로 유의미한 차이가 나타남을 확인하였다.

〈정치성향에 따른 팟캐스트 광고상품 검색의도〉

| 구분 | | 평균(표준편차) | F | 사후검정 결과 |
|---|---|---|---|---|
| 정치성향 | 보수 | 2.85(SD=.72) | 3.441* | 보수<진보 + |
| | 중도 | 3.19(SD=.72) | | |
| | 진보 | 3.42(SD=.96) | | |

+p<.1, * p<.05

해석: 앞선 One-Way ANOVA 사례 분석 절차에서와 달리 실제 사회과학 논문에서는 이러한 절차가 대폭 생략된 후 간단한 통계정보만이 기술된다. 한 개의 표 안에 3개 이상 변인의 평균과 표준편차를 제시하고, F값을 기술해준다. F값 옆에는 *을 추가하여 별을 통해 유의수준을 확인할 수 있도록 정리한다. 만약 집단 간의 차이가 통계적으로 유의미하다면, 사후검정 결과를 기술해주면 된다. 모든 사후검정 결과를 기술해줘도 되고, 위의 표에서처럼 간단히 사후검정 결과가 어떻게 나타나는지 정도만 표시해줘도 무방하다.


### 3) Two-Way ANOVA 방법과 사례

(1) SPSS 분석 방법

**Two-Way ANOVA 조건:** 성별(남, 여), 팟캐스트 광고검색 경험(있음, 없음)에 따른 구매 의도 지수의 평균 차이를 확인하기 위한 상황

**Two-Way ANOVA 절차:**

① 상단메뉴의 Analyze → General Linear Model → Univariate 클릭

② 새 창의 Dependent List에 종속변인, Fixed Factor(s)에 독립변인 2개 투입

③ Plots를 클릭한 뒤 열리는 새 창의 Horizontal Axis와 Separate Lines에 각각 독립변인 1개씩을 투입한 뒤 Add를 클릭, 클릭 후 네모 창에 A*B와 같은 문장 확인 후, Continue를 클릭

④ Options 클릭 후 Display의 Descriptive statistics 체크, Continue 클릭

⑤ OK를 클릭하여 분석 결과 확인

**그림으로 보는 Two-Way ANOVA 방법:**

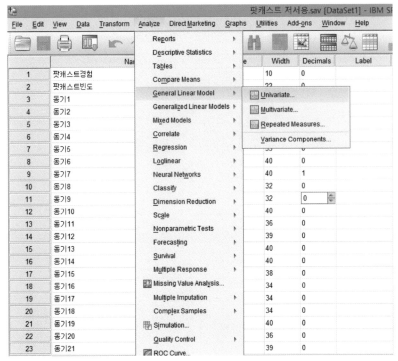

Two-Way ANOVA 1

Two-Way ANOVA의 초기 화면, 상단메뉴에 위치한 Analyze → General Linear Model → Univariate까지 수행한 장면

Two-Way ANOVA 2

Univariate 클릭 시 나타나는 새로운 창, 왼쪽에 있는 모든 변인 가운데 Factor에 독립변인(팟캐스트 광고상품 구매의도 지수) 투입한 후, Dependent List에 종속변인(성별과 팟캐스트 광고상품 검색 경험)을 투입한 장면

Two-Way ANOVA 3

독립변인과 종속변인 입력 후, Plots 버튼을 눌러서 새로운 창이 나타난 장면

Two-Way ANOVA 4

오른쪽 메뉴 중 Plots 클릭하면, 새로운 창이 나타남. 새로운 창의 Horizontal Axis에 왼쪽 Factors에 있는 1개 변인(성별)을 끌어 놓고, Separate Lines에 나머지 1개 변인(팟캐스트 광고 상품 검색경험)을 끌어 놓은 장면, Add 버튼이 보인다.

Two-Way ANOVA 5

Add 버튼을 클릭 시 나타난 장면, Add 클릭 시 네모 창에 A*B와 같이 새로운 문장이 쓰인다. 이후 Continue 버튼을 클릭하면, 창이 사라진다.

Two-Way ANOVA 6

오른쪽에 위치한 Options 버튼을 클릭하면, 화면에서 볼 수 있는 새로운 창이 열린다. 새 창의 Display에 있는 Descriptive statistics 를 체크한 장면, Continue 버튼 클릭하면 창이 사라진다.

Two-Way ANOVA 7

본 장면에서 OK 버튼을 누르면, 결과 창이 열린다.

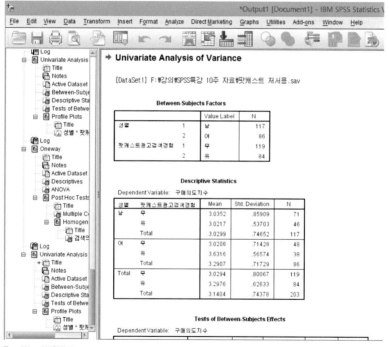

Two-Way ANOVA 8

Two-Way ANOVA 결과가 나타난 장면

(2) 분석 사례

Two-Way ANOVA를 하면 다음과 같은 표가 나타난다. 표의 본격적인 해석에 앞서 Two-Way ANOVA에 대한 연구가설(영가설)을 설정해보자.

**연구가설:** 성별(남, 여)과 팟캐스트 광고상품 검색 경험(없음, 있음) 사이의 팟캐스트 광고상품 구매의도에는 유의미한 차이가 있을 것이다.

**영가설:** 성별(남, 여)과 팟캐스트 광고상품 검색 경험(없음, 있음) 사이의 팟캐스트 광고상품 구매의도에는 유의미한 차이가 없을 것이다.

Descriptive Statistics
Dependent Variable: 구매의도 지수

| 성별 | 팟캐스트 광고검색 경험 | Mean | Std. Deviation | N |
|---|---|---|---|---|
| 남 | 무 | 3.0352 | .85909 | 71 |
| | 유 | 3.0217 | .53703 | 46 |
| | Total | 3.0299 | .74652 | 117 |
| 여 | 무 | 3.0208 | .71428 | 48 |
| | 유 | 3.6316 | .56574 | 38 |
| | Total | 3.2907 | .71729 | 86 |
| Total | 무 | 3.0294 | .80067 | 119 |
| | 유 | 3.2976 | .62633 | 84 |
| | Total | 3.1404 | .74378 | 203 |

위에 제시한 표는 One-Way ANOVA 분석 시 도출되는 기술통계표다. 여기에서 해석할 부분은 사례 수와 평균, 그리고 표준편차다. 표를 통해 남성 중 팟캐스트 광고상품 검색 경험을 가진 사람은 46명, 남성 중 팟캐스트 광고상품 검색 경험이 없는 사람은 71명, 여성 중 팟캐스트 광고상품 검색 경험을 가진 사람은 38명, 여성 중 팟캐스트 광고상품 검색 경험이 없는 사람은 48명이라는 것을 확인할 수 있다.

Tests of Between-Subjects Effects
Dependent Variable: 구매의도 지수

| Source | Type III Sum of Squares | df | Mean Square | F | Sig. |
|---|---|---|---|---|---|
| Corrected Model | 11.287[a] | 3 | 3.762 | 7.453 | .000 |
| Intercept | 1946.758 | 1 | 1946.758 | 3856.252 | .000 |
| 성별 | 4.273 | 1 | 4.273 | 8.465 | .004 |
| 팟캐스트 광고검색 경험 | 4.299 | 1 | 4.299 | 8.517 | .004 |
| 성별과 팟캐스트 광고검색 경험 | 4.696 | 1 | 4.696 | 9.302 | .003 |
| Error | 100.462 | 199 | .505 | | |
| Total | 2113.750 | 203 | | | |
| Corrected Total | 111.749 | 202 | | | |

a. R Squared=.101 (Adjusted R Squared=.087)

위에 제시한 표는 본격적인 Two-Way ANOVA 결과다. Source의 성별과 팟캐스트 광고상품 검색 경험은 팟캐스트 광고상품 검색의도의 차이를 이끄는 주효과라고 보면 된다. 아울러 성별과 팟캐스트 광고상품 검색 경험은 팟캐스트 광고상품 검색의도의 차이를 이끄는 상호작용 효과라고 보면 된다.

분석 결과에 의하면 성별의 F값은 8.465고, P값은 .004라는 사실을 확인할 수 있다. 아울러 팟캐스트 광고상품 검색 경험의 F값은 8.517이고, P값은 .004라는 사실을 확인할 수 있다. 이는 성별에 따른 팟캐스트 광고상품 구매의도의 주효과는 유의미하다는 점(F=8.465, p<.01), 팟캐스트 광고상품 검색 경험에 따른 팟캐스트 광고상품 구매의도의 주효과는 유의미하다는 점(F=8.517, p<.01)을 보여준다. 아울러 팟캐스트 광고상품 구매의도를 이끄는 성별과 팟캐스트 광고상품 검색 경험의 상호작용 효과를 살펴본 결과, F=9.302, p=.003으로, 통계적으로 유의미하다는 점을 보여준다(F=9.302, p<.01).

(3) 논문 사례

결과의 기술: 성별(남성, 여성)과 팟캐스트 광고상품 검색 경험(무, 유)을 독립변인으로 팟

캐스트 광고상품 구매의도를 종속변인으로 하여 이원변량분석(Two-Way ANOVA)을 수행했다. 연구결과에 의하면 성별이 팟캐스트 광고상품 검색의도에 미친 주효과(F=8.465, p<.01)는 유의미한 것으로 나타났다. 또한 팟캐스트 광고상품 검색 경험이 팟캐스트 광고상품 구매의도에 미친 주효과(F=8.517, p<.01) 역시 통계적으로 유의미한 것으로 나타났다. 성별과 팟캐스트 광고상품 검색 경험이 팟캐스트 광고상품 검색의도에 미친 상호작용효과(F=9.302, p<.01)도 유의미한 것으로 나타났다. 집단별 평균값을 살펴보면, 팟캐스트 광고상품 구매의도는 여성이면서 팟캐스트 광고상품 검색 경험이 있는 집단(M=3.63, SD=.57)이 다른 3개 집단에 비해 월등히 높은 것으로 나타났다. 남성의 팟캐스트 광고상품 검색 경험 유무에 따른 팟캐스트 광고상품 구매의도에는 차이가 거의 없었고, 팟캐스트 광고상품 검색 경험이 없는 집단의 경우 성별에 따른 팟캐스트 광고상품 구매의도에 차이가 거의 나타나지 않았다. 결과적으로 팟캐스트 광고상품 구매의도는 여성이면서 팟캐스트 광고상품 검색 경험을 가진 특정 집단에서 높게 형성되고 있음을 확인할 수 있다.

〈성별과 팟캐스트 광고상품 검색 경험에 따른 팟캐스트 광고상품 구매의도의 차이〉

| 구분 | | 팟캐스트 광고상품 검색 경험 | |
|---|---|---|---|
| | | 무 | 유 |
| 성별 | 남성 | 3.04(SD=.86) | 3.02(SD=.54) |
| | 여성 | 3.02(SD=.71) | 3.63(SD=.57) |

**해석:** Two-Way ANOVA 결과의 기술과 표 작성은 이정기와 우형진(2010)의 논문, 237쪽의 기술 방법에 따라 이루어졌다. 표에는 평균과 표준편차만 제시하고, 구체적인 통계수치는 결과 기술 과정 속에 제시하는 방식이다.

### 4) 실습 과제

홈페이지(https://blog.naver.com/solid8181/220964688838) '2. 스마트폰 중독 데이터'를 사용하시오.

### (1) One-Way ANOVA 분석

문 1. 학교 급(초, 중, 고등학교)에 따라 스마트폰 중독 점수에 차이가 있는지 확인하시오. 차이가 있다면, 어떤 학교의 급에서 차이가 나타나는 것인지도 확인하시오.

영가설:

연구가설:

분석 결과: 다음 표를 채우시오.

Descriptives
스마트폰중독점수

| 구분 | N | Mean | Std. Deviation |
|------|---|------|----------------|
| 초 | | | |
| 중 | | | |
| 고 | | | |
| Total | | | |

ANOVA
스마트폰 중독점수

| 구분 | Sum of Squares | df | Mean Square | F | Sig. |
|------|----------------|----|-----|---|------|
| Between Groups | | | | | |
| Within Groups | | | | | |
| Total | | | | | |

## Multiple Comparisons
스마트폰 중독점수 Tukey HSD

| (I) 학교급 | (J) 학교급 | Mean Difference (I-J) | Std. Error | Sig. |
|---|---|---|---|---|
| 초 | 중 | | | |
| | 고 | | | |
| 중 | 초 | | | |
| | 고 | | | |
| 고 | 초 | | | |
| | 중 | | | |

* The mean difference is significant at the 0.05 level.


결과 해석:

(2) Two-Way ANOVA 분석

문 1. 성별(남성, 여성)과 스마트폰 사용 기간(단기간, 장기간)에 따라 스마트폰 중독 점수에 차이가 있는지 확인하시오.

영가설:

연구가설:

분석 결과: 다음 표를 채우시오.

Descriptive Statistics
Dependent Variable: 스마트폰 중독점수

| 성별 | 사용 기간 장단 | Mean | Std. Deviation |
|------|------|------|------|
| 남자 | 단기 | | |
| | 장기 | | |
| | Total | | |
| 여자 | 단기 | | |
| | 장기 | | |
| | Total | | |
| Total | 단기 | | |
| | 장기 | | |
| | Total | | |

Tests of Between-Subjects Effects
Dependent Variable: 스마트폰 중독점수

| Source | Type III Sum of Squares | df | Mean Square | F | Sig. |
|---|---|---|---|---|---|
| Corrected Model | | | | | |
| Intercept | | | | | |
| 성별 | | | | | |
| 사용 기간 장단 | | | | | |
| 성별과 사용 기간 장단 | | | | | |
| Error | | | | | |
| Total | | | | | |
| Corrected Total | | | | | |

a. R Squared=.026 (Adjusted R Squared=.023)

결과 해석:

**강의 정리**

1. ANOVA와 t검정의 공통점과 차이점에 대해 설명하시오.

2. One-Way ANOVA와 Two-Way ANOVA를 활용해야 하는 상황에 대해 설명하시오.

3. 사후검정이란 무엇인지, 어떠한 상황에서 활용하는지 설명하시오.

## 8 | 탐색적 요인분석의 이해

### 1) 개념

#### (1) 탐색적 요인분석의 정의

요인분석(Factor Analysis)은 측정하고자 하는 항목들 사이의 상관관계를 이용하여 여러 항목으로 측정된 자료를 유사한 소수의 차원으로 묶어 축소하는 통계기법을 의미한다. 요인분석은 탐색적 요인분석(exploratory factor analysis)과 확인적(확증적) 요인분석(confirmatory factor analysis)으로 구분된다. 탐색적 요인분석의 경우 이론상으로 구조가 정립되지 않아서 자료의 기본구조를 확증할 수 없을 때 활용하는 요인분석 방법이고, 확인적(확증적) 요인분석은 변인 사이의 관계를 가설로 설정한 후 관계를 입증할 때 활용하는 요인분석 방법이다(이강원·손호웅, 2016).

탐색적 요인분석은 SPSS 프로그램을 활용하여 분석할 수 있다. 다만, SPSS를 통해 확인적(확증적) 요인분석 결과를 도출할 수는 없다. 일반적으로 확인적(확증적) 요인분석 결과는 AMOS 등 구조방정식 프로그램을 활용하여 도출할 수 있다. SPSS 분석 방법을 다루고 있는 본 책에서는 탐색적인 요인분석(주성분 분석, Principle components)만을 다루기로 한다.

#### (2) 탐색적 요인분석의 목적

탐색적 요인분석의 첫 번째 목적은 수많은 데이터의 정보량을 축소하는 것에 있다. 두 번째 목적은 추가적 통계분석의 경제성을 이끌어내는 것에 있다. 세 번째 목적은 연구자가 미처 알기 어려운 변인 사이에 내재된 특정한 구조를 발견하는 것에 있다.

예컨대 연구자 이지영이 대학생들이 팟캐스트 뉴스/정치 콘텐츠를 청취하는 다양한 이유를 조사하고, 오프라인 정치참여 행위라는 긍정적인 시청 효과를 이끌어내는 팟캐스트 뉴스/정치 콘텐츠 청취 이유가 무엇인지 파악하는 형태의 연구를 설계했다고 가정해보자. 이를 위해서는 대학생을 대상으로 한 실증적 연구가 필요하다. 이를 위해 연구자 이지영은 팟캐스트 뉴스/정치 콘텐츠 청취 이유(동기)를 조사한 연구가 있는지 검색해보았다. 그러나 그는 팟캐스트 뉴스/정치 콘텐츠 청취 이유(동기)를 찾지 못했다. 이에 연구자는 대학생 30명을 대상으로 서베이 전 사전조사(서면 인터뷰 방식)를 통해 팟캐스트 뉴스/정치 콘텐츠 청취 이유(동기) 항목을 구성해보기로 했다. 그는 사전조사를 통해 30명의 대학생에게 그들이 팟캐스트 뉴스/정치 콘텐츠를 청취하는 이유(동기) 10개씩을 기술하라고 요청했다. 이러한 방식을 통해 총 300개의 팟캐스트 뉴스/정치 콘텐츠 청취 이유(동기) 항목이 도출되었다. 그러나 300개의 청취 이유(동기) 중 250개 항목이 중복되는 항목이었고, 50개의 항목만이 서로 다른 항목이었다고 가정해보자. 다만, 이렇게 도출된 팟캐스트 뉴스/정치 팟캐스트 콘텐츠 청취 이유(동기) 항목이 모두 오프라인 정치참여에 미치는 영향력을 확인하려면, 시간이 많이 소비되거나(50번의 단순 회귀분석을 할 경우), 다중공선성의 문제(한 번에 모든 변인을 투입할 경우)가 야기되어 연구결과를 왜곡할 수 있다. '재미있기 때문에'라는 문항과 '흥미롭기 때문에'라는 유사한 문항을 군이 다른 문항으로 취급하여 분석하는 것은 효율적이지 않다고 생각될 수도 있다. 탐색적 요인분석은 이럴 때 활용하기 위한 통계방법이다. 즉 탐색적 요인분석은 50개의 문항을 유사한 특성을 가지는 몇 가지의 항목으로 해준다. 정보량의 축소, 추가적 통계분석의 경제성을 도모할 수 있게 해주는 것이다. 한편, 탐색적 요인분석을 하다 보면, 전혀 공통점이 없어 보이는 변인이 하나의 요인(성분)으로 묶이는 경우를 발견할 수 있다. 혹은 매우 유사한 변인으로 보이는 변인이 서로 다른 요인(성분)으로 묶이는 경우를 발견할 수도 있다. 이처럼 탐색적인 요인분석은 표면적으로 볼 때는 전혀 다르게 보이는 변인들의 속성이 사실상 유사하다는 점을 보여주거나, 표면적으로 유사해 보이는 변인들의 속성이 사실상 다르다는 점을 보여주는 기능을 하기도 한다. 탐색적 요인분석이 연구자가 미처 알기 어려운 변인 사이에 내재된 특정한 구조를 발견할 수 있게 해주는 것이다.

(3) 탐색적 요인분석의 조건

탐색적 요인분석이 가능한 변인은 모두 등간척도나 비율척도로 구성되어 있어야 한다. 아울러 탐색적 요인분석이 1개의 요인으로 인정받기 위한 기준은 다음과 같다. 첫째, 주인자(주요인) 적재치가 .6 이상이어야 하며, 부인자(부요인) 적재치가 .40 이하여야 한다. 다만, 이 부분은 절대적인 기준은 아니다. 연구자에 따라 주인자 적채지 .55 이상, 부인자 적재치 .40 이하로 구분될 수도 있다. 둘째, 아이겐값(eigen value)이 1 이상이어야 한다. 셋째, 동일 요인은 최소 2개 이상의 항목으로 구성되어야 한다. 탐색적 요인분석의 조건은 다음 장에서 구체적으로 설명하겠다.

## 2) 탐색적 요인분석 방법과 사례

(1) SPSS 분석 방법

**탐색적 요인분석 조건:** 팟캐스트 이용동기에 대한 탐색적 요인분석을 수행하는 상황

**탐색적 요인분석 절차:**

① 상단메뉴의 Analyze → Dimension Reduction → Factor 클릭

② Variable에 분석하려는 변인들을 투입

③ Rotation 클릭 후 Varimax 체크, Continue 클릭

④ Options 클릭 후 Sorted by size 체크, Continue 클릭

⑤ OK를 클릭하여 분석 결과 확인

**그림으로 보는 탐색적 요인분석 방법:**

다음 표는 팟캐스트 이용동기를 측정하기 위한 설문지다. '귀하는 왜 팟캐스트를 청취하십니까?'라는 지문 아래 29개의 팟캐스트 이용 이유 항목을 5점 척도(1: 전혀 그렇지 않다,

5: 매우 그렇다)로 측정하게 하였다.

〈팟캐스트 이용동기 항목〉

| 팟캐스트 이용동기 항목 | 전혀 그렇지 않다 | 그렇지 않다 | 보통이다 | 그렇다 | 매우 그렇다 |
|---|---|---|---|---|---|
| 1. 나를 편안하게 해주므로 | | | | | |
| 2. 그냥 팟캐스트 듣는 것을 좋아해서 | | | | | |
| 3. 유쾌한 휴식을 주므로 | | | | | |
| 4. 다른 일과 동시에 할 수 있기 때문에 | | | | | |
| 5. 부담 없이 들을 수 있어서 | | | | | |
| 6. 전통 매체를 이용하는 것과는 다른 매력이 있기 때문에 | | | | | |
| 7. 출연자나 진행자가 가까운 이웃이나 친구처럼 느껴져서 | | | | | |
| 8. 기분을 전환하기 위해서 | | | | | |
| 9. 상상하는 재미가 있어서 | | | | | |
| 10. 출연자나 진행자들이 매력적이기 때문에 | | | | | |
| 11. 유익한 정보를 얻을 수 있어서 | | | | | |
| 12. 세상 돌아가는 것을 알려주기 때문에 | | | | | |
| 13. 나 자신과 다른 사람에 대해 몰랐던 사실을 알게 되므로 | | | | | |
| 14. 내가 가까이할 수 없는 세계를 알려주므로 | | | | | |
| 15. 새로운 이야깃거리를 얻기 위해서 | | | | | |
| 16. 프로그램에 참여하기 위해서 | | | | | |
| 17. 골치 아픈 일을 잊기 위해서 | | | | | |
| 18. 그저 시간을 보내기 위해서 | | | | | |
| 19. 대화 상대나 함께 있을 상대가 없기 때문에 | | | | | |
| 20. 혼자 있다는 생각을 잊기 위해서 | | | | | |
| 21. 출퇴근 이동 시 무료함을 달래기 위해 | | | | | |
| 22. 이동 중 자유롭게 이용할 수 있어서 | | | | | |
| 23. 어떤 장소에서든 들을 수 있기 때문에 | | | | | |
| 24. 보수적인 전통 언론에 대한 실망 때문에 | | | | | |
| 25. 전통 언론에서 다루지 않는 정치적 이슈를 다루고 있으므로 | | | | | |

| 팟캐스트 이용동기 항목 | 전혀 그렇지 않다 | 그렇지 않다 | 보통이다 | 그렇다 | 매우 그렇다 |
|---|---|---|---|---|---|
| 26. 복잡한 사회적 이슈를 어렵지 않게 설명해 주므로 | | | | | |
| 27. 현 정권에 대한 거침없는 비판이 마음에 들어서 | | | | | |
| 28. 정제되지 않은 직설적인 어법이 마음에 들어서 | | | | | |
| 29. 정치인과 시국에 대한 정보를 재미있게 전달해 주므로 | | | | | |

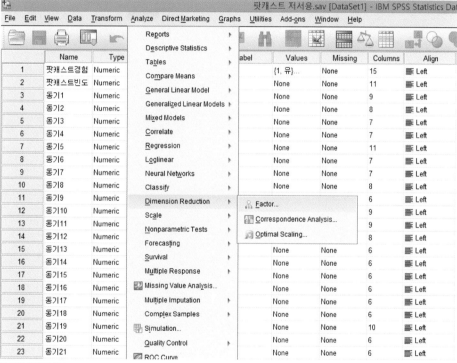

**탐색적 요인분석 1**

29개 팟캐스트 이용동기 항목을 몇 개의 이용동기 지수로 구조화하기 위해 탐색적 요인분석을 수행하고자 했다. 본 그림은 탐색적 요인분석의 초기 장면이다. 상단메뉴에 위치한 Analyze → Dimension Reduction → Factor Analysis까지의 화면이다.

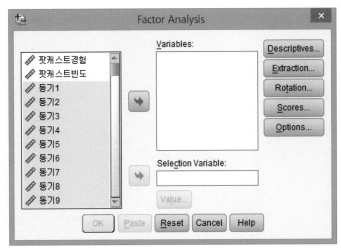

**탐색적 요인분석 2**

Dimension Reduction → Factor Analysis 클릭할 때, 나타나는 화면, 그림 왼쪽에 연구에서 활용된 모든 항목이 나타난다. 동기 1에서 동기 29까지 팟캐스트 이용동기 항목이다.

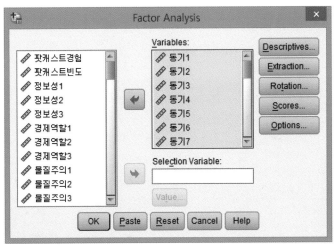

**탐색적 요인분석 3**

왼쪽의 항목 중 동기 항목을 Variables에 투입한다.

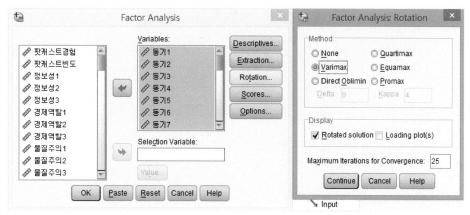

**탐색적 요인분석 4**

변인 투입이 완료되면, Rotation을 클릭한다. 여기에서 Varimax를 체크한다. Varimax는 사회과학 연구에서 가장 많이 활용되는 직각 회전방식이다. Varimax는 요인 적재값이 높은 변수의 수를 최소화하는 방법으로 요인이 단순구조로 만드는 효과를 가진다(우수명, 2013, 414쪽). 탐색적인 형태로 미디어 이용동기를 구성하는 데 가장 적합한 방법이기도 하다.

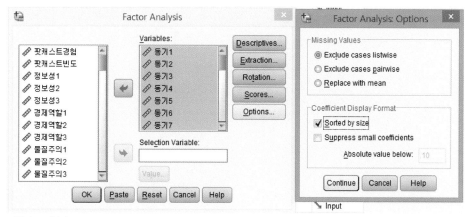

**탐색적 요인분석 5**

Options을 클릭하면 나타나는 화면, Sorted by size를 클릭한다. 이 경우 전체 주인자 적재치의 크기가 큰 순으로 표가 정리되어 나타난다. 클릭이 끝나면 Continue를 클릭한다.

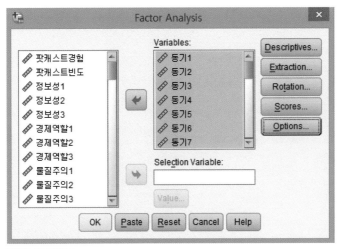

**탐색적 요인분석 6**

모든 단계가 완료되면, OK를 클릭한다.

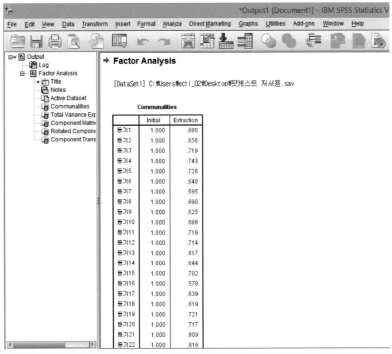

**탐색적 요인분석 7**

탐색적 요인분석 결과가 도출된 장면, 총 5개의 표가 나타난다. 해석이 필요한 표는 'Total Variance Explained'와 'Rotated Component Matrix'표다.

(2) 분석 사례

 탐색적 요인분석을 통해 팟캐스트 이용동기를 확인해보면, 총 5개의 표가 나타난다. 그중에서 해석이 필요한 표는 아래에 제시한 2개의 표다. 첫 번째 표에는 아이겐값, 설명된 변량, 누적된 변량과 요인의 수에 대한 정보가 나타난다. 두 번째 표에는 주인자 적재치와 부인자 적재치 정보가 나타난다. 표의 본격적인 해석에 앞서 연구문제를 설정해보자. 여기에서 팟캐스트 이용동기는 29개 문항으로 구성되었고, 5점 척도(1: 전혀 그렇지 않다, 5: 매우 그렇다)로 측정하였다(위의 설문지 항목을 참고할 것).

**연구문제:** 팟캐스트 이용동기는 어떠한 구조를 가지는가?

| Component | Initial Eigenvalues | | | Extraction Sums of Squared Loadings | | | Rotation Sums of Squared Loadings | | |
|---|---|---|---|---|---|---|---|---|---|
| | Total | % of Variance | Cumulative % | Total | % of Variance | Cumulative % | Total | % of Variance | Cumulative % |
| 1 | 7.926 | 27.332 | 27.332 | 7.926 | 27.332 | 27.332 | 4.176 | 14.400 | 14.400 |
| 2 | 4.000 | 13.792 | 41.125 | 4.000 | 13.792 | 41.125 | 3.816 | 13.158 | 27.557 |
| 3 | 2.973 | 10.253 | 51.377 | 2.973 | 10.253 | 51.377 | 3.337 | 11.505 | 39.063 |
| 4 | 2.115 | 7.292 | 58.669 | 2.115 | 7.292 | 58.669 | 3.095 | 10.673 | 49.735 |
| 5 | 1.203 | 4.147 | 62.816 | 1.203 | 4.147 | 62.816 | 2.803 | 9.666 | 59.401 |
| 6 | 1.176 | 4.057 | 66.873 | 1.176 | 4.057 | 66.873 | 1.628 | 5.612 | 65.014 |
| 7 | 1.001 | 3.453 | 70.326 | 1.001 | 3.453 | 70.326 | 1.541 | 5.313 | 70.326 |
| 8 | .864 | 2.978 | 73.304 | | | | | | |
| 9 | .763 | 2.632 | 75.936 | | | | | | |
| 10 | .700 | 2.413 | 78.349 | | | | | | |
| 11 | .630 | 2.172 | 80.521 | | | | | | |
| 12 | .605 | 2.085 | 82.606 | | | | | | |
| 13 | .576 | 1.986 | 84.592 | | | | | | |
| 14 | .516 | 1.780 | 86.372 | | | | | | |
| 15 | .461 | 1.590 | 87.962 | | | | | | |
| 16 | .432 | 1.490 | 89.452 | | | | | | |

| Component | Initial Eigenvalues | | | Extraction Sums of Squared Loadings | | | Rotation Sums of Squared Loadings | | |
|---|---|---|---|---|---|---|---|---|---|
| | Total | % of Variance | Cumulative % | Total | % of Variance | Cumulative % | Total | % of Variance | Cumulative % |
| 17 | .403 | 1.390 | 90.842 | | | | | | |
| 18 | .344 | 1.187 | 92.029 | | | | | | |
| 19 | .315 | 1.086 | 93.115 | | | | | | |
| 20 | .305 | 1.052 | 94.167 | | | | | | |
| 21 | .292 | 1.006 | 95.174 | | | | | | |
| 22 | .264 | .910 | 96.084 | | | | | | |
| 23 | .218 | .753 | 96.836 | | | | | | |
| 24 | .196 | .677 | 97.513 | | | | | | |
| 25 | .177 | .612 | 98.125 | | | | | | |
| 26 | .168 | .579 | 98.704 | | | | | | |
| 27 | .151 | .522 | 99.226 | | | | | | |
| 28 | .133 | .460 | 99.686 | | | | | | |
| 29 | .091 | .314 | 100.000 | | | | | | |

Extraction Method: Principal Component Analysis

위에 제시한 표는 팟캐스트 이용동기를 구성하는 29개 변인에 대한 초기 아이겐값, 설명된 변량, 누적된 변량의 정보와 베리맥스(Vari max) 방식의 직각회전 방식이 이루어진 이후의 아이겐값, 설명된 변량, 누적된 변량의 정보가 기재되어 있다. 베리맥스 방식의 직각회전이 이루어진 이후의 팟캐스트 이용동기는 총 7가지로 구성된다는 사실을 확인할 수 있다. 총 7개 변인에 대해서만 아이겐값, 설명된 변량, 누적된 변량 정보가 포함되어 있기 때문이다.

구체적으로 위의 표에서 읽어야 할 정보는 'Rotation Sums of Squared Loading'에 기술된 정보다. 첫 번째 팟캐스트 이용동기의 아이겐값은 4.176, 설명된 변량은 14.400, 누적된 변량은 14.400이라고 읽으면 된다. 두 번째 팟캐스트 이용동기의 아이겐값은 13.158, 설명된 변량은 13.158, 누적된 변량은 27.557이다. 누적된 변량은 앞선 동기의 변량과 이후 동기의 변량을 합한 값이다. 이러한 방식으로 일곱 번째 팟캐스트 이용동기의 아이겐값, 설명된 변량, 누적된 변량을 읽어주면 된다.

Rotated Component Matrixa

| 구분 | Component | | | | | | |
|---|---|---|---|---|---|---|---|
| | 1 | 2 | 3 | 4 | 5 | 6 | 7 |
| 동기 25 | .841 | -.043 | .242 | .161 | -.031 | .071 | .184 |
| 동기 27 | .825 | -.140 | .186 | .075 | .070 | -.074 | -.054 |
| 동기 29 | .821 | .131 | .067 | .294 | -.002 | .009 | .129 |
| 동기 26 | .776 | .167 | .040 | .315 | -.023 | .040 | .221 |
| 동기 28 | .773 | .252 | -.004 | .065 | .036 | -.175 | -.016 |
| 동기 24 | .551 | -.246 | .497 | .165 | -.104 | .091 | .352 |
| 동기 3 | -.017 | .759 | .036 | .211 | .254 | .177 | .040 |
| 동기 1 | .097 | .739 | .296 | .106 | .017 | .159 | .024 |
| 동기 8 | -.097 | .709 | .189 | .170 | .123 | .037 | .311 |
| 동기 2 | .195 | .697 | -.025 | .135 | .094 | .293 | .135 |
| 동기 7 | -.022 | .631 | .373 | .086 | -.019 | -.132 | .143 |
| 동기 9 | .249 | .586 | .306 | .285 | .166 | -.084 | -.101 |
| 동기 20 | .097 | .107 | .822 | -.095 | .092 | .026 | .052 |
| 동기 19 | .218 | .120 | .803 | -.037 | .092 | .065 | .020 |
| 동기 17 | .059 | .240 | .685 | -.048 | .241 | -.111 | .189 |
| 동기 16 | .103 | .273 | .684 | .148 | .010 | -.046 | -.028 |
| 동기 12 | .278 | .162 | -.055 | .775 | .004 | .057 | .061 |
| 동기 11 | .250 | .132 | -.281 | .730 | .143 | .077 | -.004 |
| 동기 15 | -.134 | .183 | .321 | .659 | .183 | .282 | -.019 |
| 동기 13 | .290 | .188 | .060 | .657 | .011 | -.153 | .199 |
| 동기 14 | .281 | .188 | .051 | .650 | .038 | .010 | .322 |
| 동기 21 | -.107 | .110 | .015 | .081 | .875 | .074 | .092 |
| 동기 22 | .040 | .012 | .074 | .087 | .864 | .206 | .108 |
| 동기 23 | .092 | .157 | .123 | .126 | .751 | .270 | -.068 |
| 동기 18 | .041 | .248 | .374 | -.084 | .589 | -.182 | -.171 |
| 동기 4 | -.082 | .087 | -.053 | -.005 | .200 | .828 | .016 |
| 동기 5 | -.024 | .438 | .008 | .169 | .264 | .660 | .012 |

| 구분 | Component | | | | | | |
|---|---|---|---|---|---|---|---|
| | 1 | 2 | 3 | 4 | 5 | 6 | 7 |
| 동기 6 | .201 | .138 | .139 | .107 | .015 | .034 | .741 |
| 동기 10 | .175 | .387 | .002 | .351 | .068 | -.028 | .614 |

Extraction Method: Principal Component Analysis. Rotation Method: Varimax with Kaiser Normalization

a. Rotation converged in 7 iterations

위에 제시한 표는 'Rotated Component Matrix' 정보를 보여준다. 여기에서 해석이 필요한 부분은 주인자 적재치와 부인자 적재치다. 본격적인 해석에 앞서 연구자는 주인자 적재치와 부인자 적재치 기준을 설정해야 한다. 일반적인 사회과학 연구에서의 기준은 주인자 적재치 기준은 .60 이상, 부인자 적재치 기준은 .40 이하다. 주인자 적재치가 .60 이상의 기준을 충족하면서 같은 Component인지 아닌지, 그리고 부인자 적재치가 .40 이하의 기준을 충족하는지 아닌지에 따라 팟캐스트 이용동기가 결정된다고 보면 된다. 다만, 여기에서는 주인자 적재치 기준을 .59 이상, 부인자 적재치 기준을 .35 이하로 설정하겠다. 이 기준에 따라 위의 표를 해석해보자. 여기에서 주인자 적재치는 인자값이 가장 큰 1개의 요인을 의미하고, 부인자 적재치는 인자값이 작은 나머지 모든 요인을 의미한다.

구체적으로 동기 25의 주인자 적재치는 .841인 첫 번째 Component다. 나머지 모든 요인은 부인자 적재치다. 각 수치를 확인해보면, 주인자 적재치 .59 이상, 부인자 적채치 .35 이하라는 점을 확인할 수 있다. 이러한 기준으로 수치를 해석해보면, 동기 27, 동기 29, 동기 26, 동기 28까지의 주인자 적재치가 .59 이상이며, 부인자 적재치가 .35 이하라는 점을 확인할 수 있다. 동기 25, 27, 29, 26, 28은 Component 1이다. 이들 항목은 첫 번째 팟캐스트 이용동기로 볼 수 있다. 다만 동기 24의 경우 주인자 적재치가 .551로 주인자 적재치 .59 이상의 기준을 충족하지 못한다. 따라서 동기 24는 첫 번째 팟캐스트 이용동기 구성 변인에서 제외된다. 결과적으로 첫 번째 팟캐스트 이용동기는 동기 25, 27, 29, 26, 28 등 5개 항목으로 구성된다는 사실을 확인케 한다.

아울러 Component 2를 보면, 주인자 적재치 .59 이상, 부인자 적재치 .35 이하인 항목은 동기 3, 1, 8, 2, 7, 9라는 사실을 확인할 수 있다. 이는 두 번째 팟캐스트 이용동기가 동기 3, 1, 8, 2, 7, 9 등 6개 항목으로 구성된다는 사실을 확인케 한다.

Component 3을 보면, 주인자 적재치 .59 이상, 부인자 적재치 .35 이하인 항목은 동기 20, 19, 17, 16이라는 사실을 확인할 수 있다. 이는 세 번째 팟캐스트 이용동기가 동기 20, 19, 17, 16 등 4개 항목으로 구성된다는 사실을 확인케 한다.

Component 4를 보면, 주인자 적재치 .59 이상, 부인자 적재치 .35 이하인 항목은 동기 12, 11, 15, 13, 14라는 사실을 확인할 수 있다. 이는 네 번째 팟캐스트 이용동기가 동기 12, 11, 15, 13, 14 등 5개 항목으로 구성된다는 사실을 확인케 한다.

Component 5를 보면, 주인자 적재치 .59 이상, 부인자 적재치 .35 이하인 항목은 동기 21, 22, 23이라는 사실을 확인할 수 있다. 이는 다섯 번째 팟캐스트 이용동기가 동기 21, 22, 23 등 3개 항목으로 구성된다는 사실을 확인케 한다.

다만, Component 6과 7의 경우 주인자 적재치 .59 이상, 부인자 적재치 .35 이하의 기준을 충족하지 못한다. 예컨대 Component 6을 구성하는 동기 5의 주인자 적재치는 .66이나 부인자 적채치 중 한 개 변인이 .44다. 아울러 Component 7을 구성하는 동기 10의 주인자 적재치는 .61이나 부인자 적재치 중 한 개 변인이 .39다.

결과적으로 탐색적 요인분석 결과 팟캐스트 이용동기는 총 5개로 구성된다는 사실을 확인할 수 있다. 표를 통해 확인할 수 있는 정보는 여기까지다. 새로운 표를 추가하여 관련 정보를 요약해보자.

아래에 정리한 표는 위의 표 2개에 나타난 정보와 각 동기에 따른 팟캐스트 이용동기 문항을 하나의 표에 정리한 것이다. 표에서 확인할 수 있는 구성성분은 Component 정보다.

⟨팟캐스트 이용동기 요약표 1⟩

| 구분 | 구성성분 | | | | |
|---|---|---|---|---|---|
| | 요인 1 | 요인 2 | 요인 3 | 요인 4 | 요인 5 |
| 동기 1 | | | | | |
| 25. 전통 언론에서 다루지 않는 정치적 이슈를 다루고 있으므로 | .841 | -.043 | .242 | .161 | -.031 |
| 27. 현 정권에 대한 거침없는 비판이 마음에 들어서 | .825 | -.140 | .186 | .075 | -.070 |

| 구분 | 구성성분 | | | | |
|---|---|---|---|---|---|
| | 요인 1 | 요인 2 | 요인 3 | 요인 4 | 요인 5 |
| 29. 정치인과 시국에 대한 정보를 재미있게 전달해 주므로 | .821 | .131 | .067 | .294 | -.002 |
| 26. 복잡한 사회적 이슈를 어렵지 않게 설명해 주므로 | .776 | .167 | -.040 | .315 | .023 |
| 28. 정제되지 않은 직설적인 어법이 마음에 들어서 | .773 | .252 | -.004 | .065 | .036 |
| 동기 2 | | | | | |
| 3. 유쾌한 휴식을 주므로 | -.017 | .759 | .036 | .211 | .254 |
| 1. 나를 편안하게 해주므로 | .097 | .739 | .296 | .106 | .017 |
| 8. 기분을 전환하기 위해서 | -.097 | .709 | .189 | .170 | .123 |
| 2. 그냥 팟캐스트 듣는 것을 좋아해서 | .195 | .697 | -.025 | .135 | .094 |
| 7. 출연자나 진행자가 가까운 이웃이나 친구처럼 느껴져서 | -.022 | .631 | .373 | .086 | -.019 |
| 9. 상상하는 재미가 있어서 | .294 | .586 | .306 | .285 | .166 |
| 동기 3 | | | | | |
| 20. 혼자 있다는 생각을 잊기 위해서 | .097 | .107 | .822 | -.095 | .092 |
| 19. 대화 상대나 함께 있을 상대가 없기 때문에 | .218 | .120 | .803 | -.037 | .092 |
| 17. 골치 아픈 일을 잊기 위해서 | .059 | .240 | .685 | -.048 | .241 |
| 16. 프로그램에 참여하기 위해서 | .103 | .273 | .684 | .148 | .010 |
| 동기 4 | | | | | |
| 12. 세상 돌아가는 것을 알려주기 때문에 | .278 | .162 | -.055 | .775 | .004 |
| 11. 유익한 정보를 얻을 수 있어서 | .250 | .132 | -.281 | .730 | .143 |
| 15. 새로운 이야깃거리를 얻기 위해서 | -.134 | .183 | .321 | .659 | .183 |
| 13. 나 자신과 다른 사람에 대해 몰랐던 사실을 알게 되므로 | .290 | .088 | .060 | .657 | .011 |
| 14. 내가 가까이할 수 없는 세계를 알려주므로 | .281 | .188 | .051 | .650 | .038 |
| 동기 5 | | | | | |
| 21. 출퇴근 이동 시 무료함을 달래기 위해 | -.107 | .110 | .015 | .081 | .875 |
| 22. 이동 중 자유롭게 이용할 수 있어서 | .040 | .012 | .074 | .087 | .864 |
| 23. 어떤 장소에서든 들을 수 있기 때문에 | .092 | .157 | .123 | .126 | .751 |
| 고윳값(아이겐값) | 4.176 | 3.816 | 3.337 | 3.095 | 2.803 |
| 설명된 변량 | 14.400 | 13.158 | 11.505 | 10.673 | 9.666 |
| 누적된 변량 | 14.400 | 27.557 | 39.063 | 49.735 | 59.401 |

다음 표는 위에 제시한 표에 팟캐스트 구성성분별 이용동기 항목을 포괄할 수 있는 새로운 이름을 부여하고 나서, 요인 구성 항목을 합산평균하고, 신뢰도를 부여한 값이다. 이 표가 팟캐스트 이용동기 관련 논문에 기재되는 최종 표다.

예컨대 필자는 동기 25, 27, 29, 26, 28 등 첫 번째 팟캐스트 이용동기 구성 항목의 진술문항을 포괄할 수 있는 동기명이 '대안언론' 동기라고 판단했다. 동기명은 선행연구에서 활용된 이용동기명을 고려하여 연구자가 자유롭게 창작할 수 있다. 결과적으로 첫 번째 팟캐스트 이용동기는 '대안언론' 동기다. 대안언론 동기의 합산평균 지수는 2.77이고, 표준편차는 .97, 신뢰도는 .90이라는 점을 확인할 수 있다. 이는 5개 변인의 신뢰도가 높다는 점을 확인케 한다.

이러한 방식으로 두 번째부터 다섯 번째 팟캐스트 이용동기 구성 동기명을 명명하고, 최종적으로 구성된 팟캐스트 이용동기들, 예컨대 휴식 동기, 시간 보내기 동기, 정보추구 동기, 이동성 동기의 평균, 표준편차, 신뢰도 정보를 기술해준다. 만약, 휴식 동기 구성 항목 간의 신뢰도가 현저히 낮을 경우, 신뢰도를 낮추는 변인을 제외한 채, 합산평균 지수를 구성해야 한다.

〈팟캐스트 이용동기 요약표 2〉

| 구분 | 구성성분 | | | | |
|---|---|---|---|---|---|
| | 요인1 | 요인2 | 요인3 | 요인4 | 요인5 |
| 대안언론(M=2.77, SD=.97, α=.90) | | | | | |
| 25. 전통 언론에서 다루지 않는 정치적 이슈를 다루고 있으므로 | .841 | -.043 | .242 | .161 | -.031 |
| 27. 현 정권에 대한 거침없는 비판이 마음에 들어서 | .825 | -.140 | .186 | .075 | .070 |
| 29. 정치인과 시국에 대한 정보를 재미있게 전달해 주므로 | .821 | .131 | .067 | .294 | -.002 |
| 26. 복잡한 사회적 이슈를 어렵지 않게 설명해 주므로 | .776 | .167 | .040 | .315 | -.023 |
| 28. 정제되지 않은 직설적인 어법이 마음에 들어서 | .773 | .252 | -.004 | .065 | .036 |
| 휴식(M=2.89, SD=.75, α=.86) | | | | | |
| 3. 유쾌한 휴식을 주므로 | -.017 | .759 | .036 | .211 | .254 |
| 1. 나를 편안하게 해주므로 | .097 | .739 | .296 | .106 | .017 |
| 8. 기분을 전환하기 위해서 | -.097 | .709 | .189 | .170 | .123 |

| 구분 | 구성성분 | | | | |
|---|---|---|---|---|---|
| | 요인 1 | 요인 2 | 요인 3 | 요인 4 | 요인 5 |
| 2. 그냥 팟캐스트 듣는 것을 좋아해서 | .195 | .697 | -.025 | .135 | .094 |
| 7. 출연자나 진행자가 가까운 이웃이나 친구처럼 느껴져서 | -.022 | .631 | .373 | .086 | -.019 |
| 9. 상상하는 재미가 있어서 | .249 | .586 | .306 | .285 | .166 |
| 시간 보내기(M=2.02, SD=.82, α=.82) | | | | | |
| 20. 혼자 있다는 생각을 잊기 위해서 | .097 | .107 | .822 | -.095 | .092 |
| 19. 대화 상대나 함께 있을 상대가 없기 때문에 | .218 | .120 | .803 | -.037 | .092 |
| 17. 골치 아픈 일을 잊기 위해서 | .059 | .240 | .685 | -.048 | .241 |
| 16. 프로그램에 참여하기 위해서 | .103 | .273 | .684 | .148 | .010 |
| 정보추구(M=3.17, SD=.78, α=.82) | | | | | |
| 12. 세상 돌아가는 것을 알려주기 때문에 | .278 | .162 | -.055 | .775 | .004 |
| 11. 유익한 정보를 얻을 수 있어서 | .250 | .132 | -.281 | .730 | .143 |
| 15. 새로운 이야깃거리를 얻기 위해서 | -.134 | .183 | .321 | .659 | .183 |
| 13. 나 자신과 다른 사람에 대해 몰랐던 사실을 알게 되므로 | .290 | .188 | .060 | .657 | .011 |
| 14. 내가 가까이할 수 없는 세계를 알려주므로 | .281 | .188 | .051 | .650 | .038 |
| 이동성(M=3.11, SD=1.00, α=.87) | | | | | |
| 21. 출퇴근 이동 시 무료함을 달래기 위해 | -.107 | .110 | .015 | .081 | .875 |
| 22. 이동 중 자유롭게 이용할 수 있어서 | .040 | .012 | .074 | .087 | .864 |
| 23. 어떤 장소에서든 들을 수 있기 때문에 | .092 | .157 | .123 | .126 | .751 |
| 고윳값(아이겐값) | 4.176 | 3.816 | 3.337 | 3.095 | 2.803 |
| 설명된 변량 | 14.400 | 13.158 | 11.505 | 10.673 | 9.666 |
| 누적된 변량 | 14.400 | 27.557 | 39.063 | 49.735 | 59.401 |

(3) 논문사례

아래에 제시한 표는 이정기(2016) 논문에 활용된 탐색적 팟캐스트 이용동기 결과를 일부 수정한 후 제시한 것이다. 아울러 표 아래 기술한 문장은 필자가 실제 논문에 적시한 내용을 보완하여 기술한 것이다. 본 챕터에서는 앞서 제시한 탐색적 요인분석 결과가 어떻게 논문화되는지 확인할 수 있다.

**결과의 기술:** 팟캐스트 이용동기는 이호준과 최명일(2006)의 연구를 기초로 이정기와 금현수(2012)가 팟캐스트 이용동기 항목으로 개발한 29개 항목을 활용하여 5점 척도(1: 전혀 그렇지 않다, 5: 매우 그렇다)로 측정했다. 요인구조는 베리맥스(Varimax) 직각 회전방식의 탐색적 요인분석(exploratory factor analysis)을 통해 확인했다. 독립된 요인구조로 인정을 받기 위한 기준은 세 가지 기준을 충족할 때로 한정하였다. 첫째, 1.0 이상의 아이겐값, 둘째, 주인자 적재치 .60 이상(9번 항목만 .59 인정), 부인자 적재치 .35 이하의 기준을 동시에 충족, 셋째, 최소 2개 이상의 항목으로 구성되는 경우다(김정기, 2004). 요인분석 결과 5개 동기가 25개 항목으로 구성되었다. 이는 전체 동기 변량의 59.40%를 설명했다. 첫 번째 팟캐스트 이용동기는 '전통 언론에서 다루지 않는 정치적 이슈를 다루고 있으므로', '현 정권에 대한 거침없는 비판이 마음에 들어서', '정치인가 시국에 대한 정보를 재미있게 전달해 주므로' 등 5개 문항으로 구성되었다. 이들 문항은 후속 분석을 위해 합산평균 지수로 구성하였고, 대안언론 동기로 명명하였다(M=2.77, SD=.97, α=.90). 대안언론 동기는 전체 팟캐스트 이용동기의 14.40%를 설명하였다. 두 번째 팟캐스트 이용동기는 '유쾌한 휴식을 주므로', '나를 편안하게 해주므로', '기분을 전환하기 위해서' 등 6개 문항으로 구성되었다. 이들 문항은 후속 분석을 위해 합산평균 지수로 구성하였고, 휴식 동기로 명명하였다(M=2.89, SD=.75, α=.86). 휴식 동기는 전체 팟캐스트 이용동기의 13.16%를 설명하였다. 세 번째 팟캐스트 이용동기는 '혼자 있다는 생각을 잊기 위해', '대화상대나 함께 있을 상대가 없기 때문에', '골치 아픈 일을 잊기 위해서' 등 4개 문항으로 구성되었다. 이들 문항은 후속 분석을 위해 합산평균 지수로 구성하였고, 시간 보내기 동기로 명명하였다(M=2.02, SD=.82, α=.82). 시간 보내기 동기는 전체 팟캐스트 이용동기의 11.51%를 설명하였다. 네 번째 팟캐스트 이용동기는 '세상 돌아가는 것을 알려주기 때문에', '유익한 정보를 얻을 수 있어서', '새로운 이야깃거리를 얻기 위해서' 등 5개 항목으로 구성되었다. 이들 문항은 후속 분석을 위해 합산평균 지수로 구성하였고, 정보추구 동기로 명명하였다(M=3.17, SD=.78, α=.82). 정보추구 동기는 전체 팟캐스트 이용동기의 10.67%를 설명하였다.

다섯 번째 팟캐스트 이용동기는 '출퇴근 이동 시 무료함을 달래기 위해', '이동 중 자유롭게 이용할 수 있어서', '어떤 장소에서든 들을 수 있기 때문에' 등 3개 항목으로 구성되었다. 이들 문항은 후속 분석을 위해 합산평균 지수로 구성되었고, 이동성 동기로 명명되었다(M=3.11, SD=1.00, α=.87). 이동성 동기는 전체 팟캐스트 이용동기의 9.67%를 설명하였다.

〈팟캐스트 이용동기〉

| 구분 | 구성성분 | | | | |
|---|---|---|---|---|---|
| | 요인1 | 요인2 | 요인3 | 요인4 | 요인5 |
| 대안언론(M=2.77, SD=.97, α=.90) | | | | | |
| 25. 전통 언론에서 다루지 않는 정치적 이슈를 다루고 있으므로 | .841 | -.043 | .242 | .161 | -.031 |
| 27. 현 정권에 대한 거침없는 비판이 마음에 들어서 | .825 | -.140 | .186 | .075 | .070 |
| 29. 정치인과 시국에 대한 정보를 재미있게 전달해 주므로 | .821 | .131 | .067 | .294 | -.002 |
| 26. 복잡한 사회적 이슈를 어렵지 않게 설명해 주므로 | .776 | .167 | .040 | .315 | -.023 |
| 28. 정제되지 않은 직설적인 어법이 마음에 들어서 | .773 | .252 | -.004 | .065 | .036 |
| 휴식(M=2.89, SD=.75, α=.86) | | | | | |
| 3. 유쾌한 휴식을 주므로 | -.017 | .759 | .036 | .211 | .254 |
| 1. 나를 편안하게 해주므로 | .097 | .739 | .296 | .106 | .017 |
| 8. 기분을 전환하기 위해서 | -.097 | .709 | .189 | .170 | .123 |
| 2. 그냥 팟캐스트 듣는 것을 좋아해서 | .195 | .697 | -.025 | .135 | .094 |
| 7. 출연자나 진행자가 가까운 이웃이나 친구처럼 느껴져서 | -.022 | .631 | .373 | .086 | -.019 |
| 9. 상상하는 재미가 있어서 | .249 | .586 | .306 | .285 | .166 |
| 시간 보내기(M=2.02, SD=.82, α=.82) | | | | | |
| 20. 혼자 있다는 생각을 잊기 위해서 | .097 | .107 | .822 | -.095 | .092 |
| 19. 대화 상대나 함께 있을 상대가 없기 때문에 | .218 | .120 | .803 | -.037 | .092 |
| 17. 골치 아픈 일을 잊기 위해서 | .059 | .240 | .685 | -.048 | .241 |
| 16. 프로그램에 참여하기 위해서 | .103 | .273 | .684 | .148 | .010 |
| 정보추구(M=3.17, SD=.78, α=.82) | | | | | |
| 12. 세상 돌아가는 것을 알려주기 때문에 | .278 | .162 | -.055 | .775 | .004 |
| 11. 유익한 정보를 얻을 수 있어서 | .250 | .132 | -.281 | .730 | .143 |

| 구분 | 구성성분 | | | | |
|---|---|---|---|---|---|
| | 요인1 | 요인2 | 요인3 | 요인4 | 요인5 |
| 15. 새로운 이야깃거리를 얻기 위해서 | -.134 | .183 | .321 | .659 | .183 |
| 13. 나 자신과 다른 사람에 대해 몰랐던 사실을 알게 되므로 | .290 | .188 | .060 | .657 | .011 |
| 14. 내가 가까이할 수 없는 세계를 알려주므로 | .281 | .188 | .051 | .650 | .038 |
| 이동성(M=3.11, SD=1.00, α=.87) | | | | | |
| 21. 출퇴근 이동 시 무료함을 달래기 위해 | -.107 | .110 | .015 | .081 | .875 |
| 22. 이동 중 자유롭게 이용할 수 있어서 | .040 | .012 | .074 | .087 | .864 |
| 23. 어떤 장소에서든 들을 수 있기 때문에 | .092 | .157 | .123 | .126 | .751 |
| 고윳값(아이겐값) | 4.176 | 3.816 | 3.337 | 3.095 | 2.803 |
| 설명된 변량 | 14.400 | 13.158 | 11.505 | 10.673 | 9.666 |
| 누적된 변량 | 14.400 | 27.557 | 39.063 | 49.735 | 59.401 |

## 3) 실습 과제

홈페이지(https://blog.naver.com/solid8181/220964688838) '2. 스마트폰 중독 데이터'를 사용하시오.

문 1. 스마트폰 이용동기는 어떠한 구조를 가지는가?

분석 결과: 다음 2개의 표를 채우시오. 단, 변인은 스마트폰 중독 데이터의 4번(대화)~16번(일과활용)까지 13개 변인을 활용하시오. 주인자 적재치 .60 이상, 부인자 적재치 .40 이하 기준

Total Variance Explained

| Component | Initial Eigenvalues | | | Rotation Sums of Squared Loadings | | |
|---|---|---|---|---|---|---|
| | Total | % of Variance | Cumulative % | Total | % of Variance | Cumulative % |
| 1 | | | | | | |
| 2 | | | | | | |
| 3 | | | | | | |
| 4 | | | | | | |

| Component | Initial Eigenvalues | | | Rotation Sums of Squared Loadings | | |
|---|---|---|---|---|---|---|
| | Total | % of Variance | Cumulative % | Total | % of Variance | Cumulative % |
| 5 | | | | | | |
| 6 | | | | | | |
| 7 | | | | | | |
| 8 | | | | | | |
| 9 | | | | | | |
| 10 | | | | | | |
| 11 | | | | | | |
| 12 | | | | | | |
| 13 | | | | | | |

Extraction Method: Principal Component Analysis

Rotated Component Matrix

| 구분 | Component | | |
|---|---|---|---|
| | 1 | 2 | 3 |
| 무료함 해결 | | | |
| 대화 | | | |
| 시간 보냄 | | | |
| 재미 | | | |
| 연락 | | | |
| 일과활용 | | | |
| 정보습득 | | | |
| 일정 | | | |
| 학습대화 | | | |
| 일 해결 | | | |
| 약속 | | | |
| 세련 | | | |
| 유행 | | | |

Extraction Method: Principal Component Analysis
Rotation Method: Varimax with Kaiser Normalization

문 2. 문 1에 대한 표를 보고, 다음 표를 채우시오.

| 구분 | 구성성분 | | |
|---|---|---|---|
| | 요인 1 | 요인 2 | 요인 3 |
| 동기명:　　　(M=　, SD=　, α=　) | | | |
| 무료함을 해결하기 위해 | | | |
| 대화를 위해 | | | |
| 시간 보내기 위해 | | | |
| 동기명:　　　(M=　, SD=　, α=　) | | | |
| 일과에 활용하기 위해 | | | |
| 정보습득을 위해 | | | |
| 일정관리를 위해 | | | |
| 동기명:　　　(M=　, SD=　, α=　) | | | |
| 세련되어 보이려고 | | | |
| 유행에 뒤처지지 않기 위해 | | | |
| 고윳값(아이겐값) | | | |
| 설명된 변량 | | | |
| 누적된 변량 | | | |

결과 해석:

┌─────────────────────────────────────────────────────────────┐
**강의 정리**
1. 요인분석이란 무엇이며 왜 하는지 설명하시오.
2. 탐색적 요인분석 결과 하나의 요인(성분)으로 인정받기 위한 기준들에 대해 설명하시오.
└─────────────────────────────────────────────────────────────┘

## 1) 개념

### (1) 상관관계 분석의 정의

상관관계 분석(Correlation Analysis)은 등간척도 또는 비율척도로 구성된 두 개 이상의 변인 사이의 관계에 대해 분석하는 통계기법을 의미한다. 하나의 변인이 변함에 따라 다른 변인이 변동하는 것처럼 변동의 연동성, 변동의 연관성을 측정하는 것을 상관관계로 지칭한다. 상관관계 분석은 한 개의 변인이 커지거나 작아지는 등의 변화가 있을 때, 다른 변인이 어떻게 변하는지 변동의 방향과 정도를 예측게 해준다(우수명, 2013, 251쪽). 상관관계는 인과관계(원인과 결과의 관계)를 보여주지 않는다. 특정 변인이 다른 변인에 시간적으로 선행되거나 일방적으로 영향을 주는 관계라고 볼 수 없다는 것이다. 따라서 상관관계 분석 시에는 독립변인과 종속변인 사이의 구분이 필요치 않다. 사회과학 연구에서 상관관계 분석은 회귀분석 이전 단계의 선행분석으로 활용되는 경우가 많다.

### (2) 상관관계 분석의 종류

상관관계 분석은 크게 2가지로 구분될 수 있다. 단순 상관관계 분석(이변량 상관관계 분석)과 다중 상관관계 분석, 편 상관관계 분석이 그것이다. 첫째, 단순 상관관계 분석(simple correlation analysis)은 두 변인 사이의 상관관계를 구하는 상관관계 분석이다. 아울러 다중 상관관계 분석(multiple correlation analysis)은 두 변인 이상의 변인 간의 상관관계를 구하는 상관관계 분석이다. 일반적으로 사회과학 연구에서는 단순 상관관계 분석과 다중 상관관계 분석을 주로 활용한다. 둘째, 편 상관관계 분석(partial correlation analysis)은 다른 특정 변인을 통제한 상태에서 두 변인 간의 상관관계를 구하는 방식을 의미한다.

### (3) 상관계수

상관계수는 변인 간 관계의 정도, 방향을 하나의 수치로 요약해주는 상관관계 분석의 핵심 지수다. r로 표현되는 상관계수는 −1부터 1 사이의 값으로 표현된다. 여기에서 0은 변인 사이의 상관관계가 전혀 없는 상태를 의미한다. 아울러 −1이나 1 등 절댓값 1에 가까우면 가까울수록 양 변인 사이의 상관관계가 높은 것으로 해석할 수 있다. 즉 r값이 절댓값 1이라면 완전 상관 혹은 절대상관으로 지칭한다. 여기에서 상관관계가 음수(−, 부적 상관관계)라면 변인 A가 증가하거나 커질 때, 변인 B가 감소하거나 작아지는 상관관계를 의미하고, 상관관계가 양수(+, 정적 상관관계)라면 변인 A가 증가하거나 커질 때, 변인 B도 증가하거나 커지는 상관관계를 의미한다.

일반적으로 사회과학 연구에서 r⟩.8일 경우 아주 높은 상관관계를, .6⟨r⟨.8일 경우 높은 상관관계, .4⟨r⟨.6일 경우 중간 정도의 상관관계, .2⟨r⟨.4일 경우 낮은 상관관계라고 지칭한다. r이 .2보다 낮을 경우 상관관계가 미미하다고 보면 된다.


예를 들어보자


**사례 1:** 폭력적 영화 시청과 폭력성과의 상관계수, 즉 r=.70이고, p⟨.05이다.

**사례 2:** 폭력적 영화 시청과 폭력성과의 상관계수, 즉 r=.70이고, p⟩.05이다.

**사례 3:** 홈쇼핑 시청과 구매성향의 상관계수, 즉 r=.45, p⟨.05이다.

**사례 4:** 홈쇼핑 시청과 구매성향의 상관계수, 즉 r=.45, p⟩.05이다.


사례 1과 사례 2는 폭력적 영화 시청과 폭력성 변인 사이의 상관관계 분석 결과를 다루고 있다. 사례 1과 2 모두 상관계수 r=.70이다. 따라서 두 변인은 높은 정적 상관관계를 가진다고 설명할 수 있을 것이다. 그러나 사례 1은 상관관계 분석의 유의도가 .05보다 작았다. 이 경우 두 집단 간에 유의미한 상관관계가 있다고 볼 수 있다. 반면, 사례 2는 상관관계 분석의 유의도가 .05보다 컸다. 이 경우 두 집단 간에 유의미한 상관관계가 있다고 볼 수 없다. 결과적으로 사례 1의 경우에만 폭력적 영화 시청과 폭력성 사이에 높은 정적 상관관계가 있다고 해석할 수 있다.

사례 3과 사례 4는 홈쇼핑 시청과 구매성향 사이의 상관관계 분석 결과를 다루고 있다. 사례 3과 4 모두 상관계수 r=.40이다. 따라서 두 변인 간에는 중간 정도의 정적인 상관관계가 있다고 볼 수 있다. 다만, 사례 3의 경우 유의도가 .05보다 작았다. 반면, 사례 4의 경우 유의도가 .05보다 컸다. 따라서 사례 3의 경우에만 홈쇼핑 시청과 구매성향에 중간 정도의 정적 상관관계가 있다고 해석할 수 있다.

(4) 상관관계 분석의 표현

일반적으로 상관관계 분석 시 연구문제와 연구가설은 아래와 같은 문장으로 표현한다. 주의해야 할 점은 상관관계를 할 경우 변인 사이는 영향관계, 시간적 우선순위 등을 상정하고 있지 않으므로, 'A가 B에 영향을 미칠 것이다', 'A가 B에 어떠한 영향을 미치는가'와 같은 표현을 하면 안 된다는 것이다. 상관관계 분석은 A와 B 혹은 그 이상 변인 사이의 영향관계를 확정할 수 없는 변인 사이의 관련성을 파악하고자 할 때 활용되는 분석 기법임을 기억해두어야 한다. 예컨대 폭력적 영화 시청과 폭력적 애니메이션 시청 사이에는 관련성이 있을 것 같다. 그러나 선행연구들을 분석하기 이전에는 무엇이 시간적으로 우선되는지 확신할 수 없을 것이다. 만약 선행연구를 충분히 검토했는데 두 변인 사이의 영향관계를 파악할 수 없었다고 가정해보자. 그 경우 연구자는 폭력적 영화 시청과 폭력적 애니메이션 시청 사이의 관련성을 상관관계 분석을 통해 확인할 수 있다.

**연구문제의 표현 1:** 폭력적 영화 시청량과 폭력적 애니메이션 시청량 사이에는 어떠한 상관관계가 있는가? 즉 A와 B 사이에는 어떠한 상관관계가 있는가?

**연구가설의 표현 1:** 폭력적 영화 시청량과 폭력적 애니메이션 시청량 사이에는 정적인 상관관계가 나타날 것이다. 즉 A와 B 사이에는 정적인(혹은 부적인) 상관관계가 나타날 것이다.

## 2) 단순, 다중 상관관계 분석 방법과 사례

### (1) SPSS 분석 방법

**상관관계 분석 조건:** 팟캐스트 이용동기 6개 변인 사이의 상관관계를 분석하기 위한 상황

**상관관계 분석 절차:**

① 상단메뉴의 Analyze → Correlation → Bivariate 클릭

② Variables에 상호 관련성을 확인하려는 변인들 투입(2개 이상)

③ OK를 클릭하여 분석 결과 확인

**그림으로 보는 상관관계 분석 방법:**

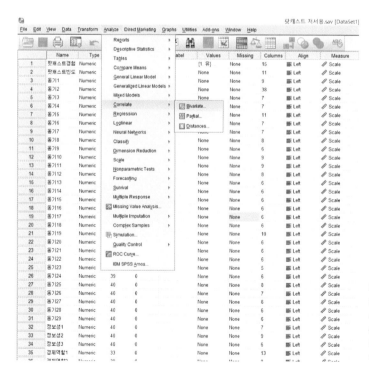

**다중 상관관계 분석 1**

단순, 다중 상관관계 분석을 위한 초기 화면, Analyze → Correlation → Bivariate까지의 과정, Bivariate를 클릭하면 아래 화면이 나타난다.

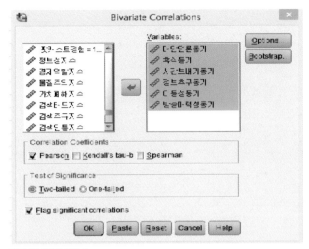

**다중 상관관계 분석 2**

상관관계를 통해 상호 관련성을 확인하고자 하는 변인들을 그림 오른쪽에 보이는 Variables에 넣는다. 2개 이상의 변인을 투입해야 한다. 여기서 2개 변인만 투입하면 단순 상관관계 분석, 2개 이상의 변인을 투입하면 다중 관계 분석이 된다. 나머지 옵션은 그대로 두고, 하단의 OK 버튼을 누르면 상관관계 분석 결과가 나타난다. 참고로, 피어슨(Pearson)이라고 표시되어 있는 것은 피어슨 상관관계 분석을 하겠다는 것인데, 피어슨 상관관계 분석은 분석하고자 하는 변인이 등간척도 이상일 경우에 활용하는 상관관계 분석 방법이다(우수명, 2013, 257쪽). 사회과학 연구에서 가장 많이 쓰이는 상관관계 분석이 피어슨 상관관계 분석 방법이다. 스피어만(Spearman)이라고 표시되어 있는 것은 각 변인이 서열변수인 경우 단순 상관관계를 산출할 때 쓰인다. 아울러 켄달의 타우-b(Kendall's tau-b)라고 표시되어 있는 것 역시 각 변인이 서열변수인 경우 활용된다. 본 책에서는 사회과학 연구에서 가장 많이 활용되는 피어슨 상관관계 분석만을 다루기로 한다.

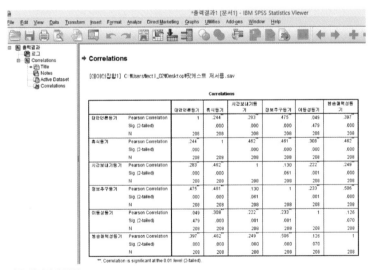

**다중 상관관계 분석 3**

다중 상관관계 분석의 결과 화면이다. 단순 상관관계 분석이나 다중 상관관계 분석의 경우 표 1개만이 나타난다.

(2) 분석 사례

① 단순 상관관계 분석

단순 상관관계 분석을 하면 다음과 같은 표가 나타난다. 표의 본격적인 해석에 앞서 상관관계 분석의 연구문제와 연구가설을 설정해보자.

**연구문제:** 팟캐스트 대안언론 동기와 휴식 동기 사이에는 어떠한 상관관계가 있는가?
**연구가설:** 팟캐스트 대안언론 동기와 휴식 동기 사이에는 정적인 상관관계가 있을 것이다.

Correlations

| 구분 | | 대안언론 동기 | 휴식 동기 |
|---|---|---|---|
| 대안언론 동기 | Pearson Correlation | 1 | .244** |
| | Sig. (2-tailed) | | .000 |
| | N | 208 | 208 |
| 휴식 동기 | Pearson Correlation | .244** | 1 |
| | Sig. (2-tailed) | .000 | |
| | N | 208 | 208 |

**. Correlation is significant at the 0.01 level (2-tailed)

위에 제시한 표는 단순 상관관계 분석 시 도출되는 표다. 팟캐스트 이용동기 가운데 2개 변인, 즉 대안언론 동기와 휴식 동기 사이에 상관관계가 있는지 확인한 결과를 보여준다. 분석 결과에 의하면 대안언론 동기와 휴식 동기 사이의 피어슨 상관계수(Pearson Correlation), 즉 R은 .244로 나타났다. 즉 낮은 정도의 정적인 상관관계가 나타난 것이다. 아울러 이러한 상관계수의 유의수준은 .000으로 나타났다. 즉 대안언론 동기와 휴식 동기의 상관계수 R은 .244로 낮은 정도의 정적 상관관계를 보이며, 이는 통계적으로 유의미하다는 사실을 확인할 수 있다. 상관관계 표 안에 * 또는 **라는 별표가 있다면, 두 변인 사이에 상관관계가 있다는 의미다. 별표의 의미는 유의수준값(Sig.)을 통해 확인할 수 있다. 별표가 없다면 양자 사이에 상관관계가 존재하지 않는다는 의미다.

② 다중 상관관계 분석

다중 상관관계 분석을 하면 다음과 같은 표가 나타난다. 표의 본격적인 해석에 앞서 상관관계 분석의 연구문제와 연구가설을 설정해보자.

**연구문제:** 팟캐스트 이용동기(대안언론, 휴식, 시간 보내기, 정보추구, 이동성, 방송매력성) 사이에는 어떠한 상관관계가 있는가?

**연구가설:** 팟캐스트 이용동기(대안언론, 휴식, 시간 보내기, 정보추구, 이동성, 방송매력성) 사이에는 정적인 상관관계가 나타날 것이다.

Correlations

| 구분 | | 대안언론 동기 | 휴식 동기 | 시간 보내기 동기 | 정보추구 동기 |
|---|---|---|---|---|---|
| 대안언론 동기 | Pearson Correlation | 1 | .244** | .283** | .475** |
| | Sig. (2-tailed) | | .000 | .000 | .000 |
| | N | 208 | 208 | 208 | 208 |
| 휴식 동기 | Pearson Correlation | .244** | 1 | .462** | .461** |
| | Sig. (2-tailed) | .000 | | .000 | .000 |
| | N | 208 | 208 | 208 | 208 |
| 시간 보내기 동기 | Pearson Correlation | .283** | .462** | 1 | .130 |
| | Sig. (2-tailed) | .000 | .000 | | .061 |
| | N | 208 | 208 | 208 | 208 |
| 정보추구 동기 | Pearson Correlation | .475** | .461** | .130 | 1 |
| | Sig. (2-tailed) | .000 | .000 | .061 | |
| | N | 208 | 208 | 208 | 208 |

| 구분 | | 대안언론 동기 | 휴식 동기 | 시간 보내기 동기 | 정보추구 동기 |
|---|---|---|---|---|---|
| 이동성 동기 | Pearson Correlation | .049 | .308** | .222** | .233** |
| | Sig. (2-tailed) | .479 | .000 | .001 | .001 |
| | N | 208 | 208 | 208 | 208 |
| 방송매력성 동기 | Pearson Correlation | .397** | .462** | .249** | .506** |
| | Sig. (2-tailed) | .000 | .000 | .000 | .000 |
| | N | 208 | 208 | 208 | 208 |

**. Correlation is significant at the 0.01 level (2-tailed)

위에 제시한 표는 다중 상관관계 분석 시 도출되는 표다. 팟캐스트 이용동기 6개 변인 사이에 상관관계가 있는지 확인한 결과를 보여준다. 소수점 둘째 자리에서 반올림할 때, 대안언론 동기와 휴식 동기는 정적 상관관계(r=.24, p⟨.01), 대안언론 동기와 시간 보내기 동기는 정적 상관관계(r=.28, p⟨.01), 대안언론 동기와 정보추구 동기는 정적 상관관계(r=.48, p⟨.01), 대안언론 동기와 방송매력성 동기는 정적 상관관계(r=.40, p⟨.01)를 가진다. 다만, 대안언론 동기와 이동성 동기 사이에는 상관관계가 없음을 확인할 수 있다(r=.05, p⟩.05). 같은 방식으로 휴식 동기, 시간 보내기 동기, 정보추구 동기, 이동성 동기, 방송매력성 동기와 다른 이용동기 사이의 상관관계를 파악할 수 있다. 6개의 팟캐스트 이용동기 가운데, 가장 상관관계가 높은 변인은 피어슨 상관계수(Pearson Correlation)값이 가장 높은 방송매력성 동기와 정보추구 동기(r=.51, p⟨.01)라는 사실을 확인할 수 있다. 아울러 상관관계가 없는 변인은 대안언론 동기와 이동성 동기, 시간 보내기 동기와 이동성 동기라는 사실을 확인할 수 있다. 상관관계 표 안에 * 또는 **라는 별표가 있다면, 두 변인 사이에 상관관계가 있다는 의미다. 별표의 의미는 유의수준값(Sig.)을 통해 확인할 수 있다. 별표가 없다면 양자 사이에 상관관계가 존재하지 않는다는 의미다.

(3) 논문 사례: 다중 상관관계

아래에 제시한 표는 이정기(2016) 논문 데이터를 활용하여 팟캐스트 이용동기를 구성하는 6개 변인과 팟캐스트 광고상품 검색의도 사이의 다중 상관관계 분석 결과를 제시한 것이다. 아울러 표 아래 기술한 문장은 필자가 실제 논문을 쓴다고 가정하고 기술해 본 것이다. 본 챕터에서는 앞서 제시한 다중 상관관계 결과가 어떻게 논문화되는지 확인할 수 있다.

**결과의 기술:** 팟캐스트 이용동기를 구성하는 6개 변인과 팟캐스트 광고상품 검색의도 사이의 상관관계 분석을 수행하였다. 그 결과 팟캐스트 광고상품 검색의도와 대안언론 동기($r$=.24, $p<.01$), 휴식 동기($r$=.34, $p<.01$), 시간 보내기 동기($r$=.18, $p<.05$), 정보추구 동기($r$=.29, $p<.01$), 이동성 동기($r$=.31, $p<.01$), 방송매력성 동기($r$=.35, $p<.01$)는 정적 상관관계를 나타냈다. 즉 시간 보내기 동기의 경우 95% 유의수준에서 팟캐스트 광고상품 검색의도와 정적 상관관계를 나타냈고, 그 이외의 모든 동기는 99% 유의수준에서 팟캐스트 광고상품 검색의도와 정적 상관관계를 나타냈음을 확인할 수 있다. 팟캐스트 광고상품 검색의도가 상관관계가 가장 높은 변인은 방송매력성 동기($r$=.35)였고, 휴식 동기($r$=.34), 이동성 동기($r$=.31), 정보추구 동기($r$=.29), 대안언론 동기($r$=.24), 시간 보내기($r$=.18) 동기 순으로 상관관계가 높은 것으로 나타났다. 한편, 대안언론 동기는 이동성 동기와 상관관계가 나타나지 않았고($r$=.05, $p>.05$), 시간 보내기 동기는 정보추구 동기와 상관관계가 나타나지 않았다($r$=.13, $p>.05$). 아울러 이동성 동기는 방송매력성 동기와 상관관계가 나타나지 않았다($r$=.13, $p>.05$). 그 밖의 팟캐스트 이용동기 사이에는 모두 유의미한 정적인 상관관계가 나타났다.

⟨팟캐스트 이용동기와 팟캐스트 광고상품 검색의도 상관관계 분석 결과⟩

| 구분 | 대안언론 | 휴식 | 시간 보내기 | 정보추구 | 이동성 | 방송매력성 | 검색의도 |
|---|---|---|---|---|---|---|---|
| 대안언론 | 1 | | | | | | |
| 휴식 | .244** | 1 | | | | | |
| 시간 보내기 | .283** | .462** | 1 | | | | |
| 정보추구 | .475** | .461** | .130 | 1 | | | |
| 이동성 | .049 | .308** | .222** | .233** | 1 | | |
| 방송매력성 | .397** | .462** | .249** | .506** | .126 | 1 | |
| 검색의도 | .244** | .344** | .179* | .292** | .312** | .349** | 1 |

*$p<.05$, **$p<.01$

**해석 시 주의:** 모든 상관관계 결과를 하나하나 기술해줄 필요는 없다. 측정하고자 하는 독립변인(팟캐스트 이용동기)과 종속변인(팟캐스트 광고상품 검색의도)이 있고, 그 변인이 모두 상관관계 분석에 포함되었다면, 종속변인을 중심으로 독립변인들과의 상관관계를 해석한 후 그 이외의 상관관계 중에서는 특이한 사항만을 기술해주면 된다. 필자는 종속변인을 중심으로 독립변인과의 상관관계를 기술한 후 팟캐스트 이용동기 간의 상관관계를 기술했는데, 팟캐스트 이용동기 사이에는 대부분 유의미한 상관관계가 나타났으므로 팟캐스트 이용동기 간의 상관관계 기술은 유의미하지 않은 것들만을 언급하는 방식을 취했다. 어떠한 방식을 취하든지 그건 연구자의 선택에 달려 있다. 최근 많은 사회과학 논문에서 상관관계 분석을 제외하고, 바로 변인 사이의 영향관계를 회귀분석을 통해 분석하는 경향이 있다. 다만, 필자는 선행연구가 많지 않은 탐색적인 형태의 연구일 경우 회귀분석 전 상관관계 분석을 통해 변인 사이의 관련성을 파악하기를 권한다.


## 3) 편 상관관계 분석 방법과 사례

(1) SPSS 분석 방법

**편 상관관계 분석 조건:** 대안언론 동기를 통제한 상황에서 방송매력성 동기와 정보추구 동기의 상관관계를 분석하는 상황

**편 상관관계 분석 절차:**

① 상단메뉴의 Analyze → Correlation → Partial 클릭

② Variables에 상호 관련성을 확인하려는 변인들 투입(2개 이상)

③ Controlling for에 통제하려는 변인 투입

④ OK를 클릭하여 분석 결과 확인

**그림으로 보는 편 상관관계 분석 방법:**

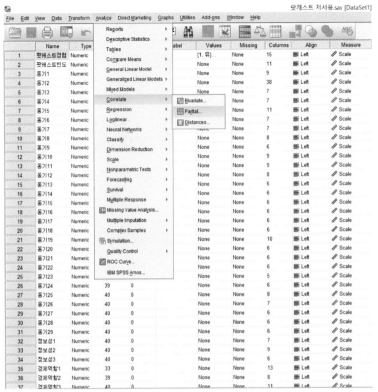

**편 상관관계 분석 1**

편 상관관계 분석을 위한 초기 화면, Analyze → Correlation → Partial까지의 과정, Partial을 클릭하면, 아래 화면이 나타난다.

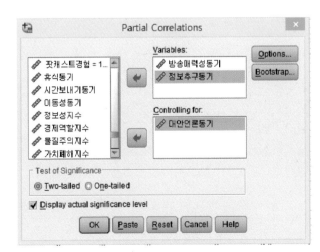

**편 상관관계 분석 2**

상관관계를 통해 상호 관련성을 확인하고자 하는 변인들을 그림 오른쪽에 보이는 Variables에 넣는다. 아울러 통제변인을 Controlling for라고 쓰인 곳에 넣는다. 그러고 나서 OK 버튼을 클릭하면 상관관계 분석 결과가 나타난다.

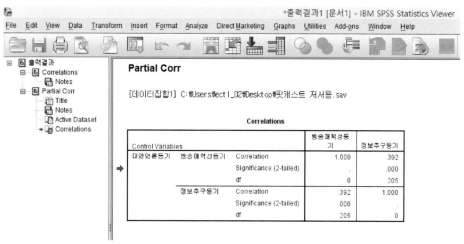

**편 상관관계 분석 3**

편 상관관계 분석의 결과 화면이다. 단순 상관관계 분석이나 다중 상관관계 분석의 경우 표 1개만이 나타난다.

(2) 분석 사례

**연구문제:** 팟캐스트 이용동기 중 대안언론 동기를 통제하였을 때, 방송매력성 동기와 정보추구 동기의 상관관계는 어떠한가?

**연구가설:** 팟캐스트 이용동기 중 대안언론 동기를 통제하였을 때, 방송매력성 동기와 정보추구 동기 사이에는 정적 상관관계가 나타날 것이다.

Correlations

| Control Variables | | | 방송매력성 동기 | 정보추구 동기 |
|---|---|---|---|---|
| 대안언론 동기 | 방송매력성 동기 | Correlation | 1.000 | .392 |
| | | Significance (2-tailed) | . | .000 |
| | | df | 0 | 205 |
| | 정보추구 동기 | Correlation | .392 | 1.000 |
| | | Significance (2-tailed) | .000 | . |
| | | df | 205 | 0 |

위에 제시한 표는 편 상관관계를 분석한 것이다. 대안언론 동기를 통제하였을 때, 방송매력성 동기와 정보추구 동기 사이의 상관계수 R은 .392로 나타났고, 유의수준은 .000으로 나타났다. 따라서 방송매력성 동기와 정보추구 동기 사이에는 유의미한 정적 상관관계가 나타났다고 해석할 수 있다. 한편, 방송매력성 동기와 정보추구 동기 사이의 단순 상관관계 분석에서 상관계수 R은 .506이었다. 이처럼 편 상관관계 분석은 제3의 변인(대안언론 동기)이 측정하고자 하는 두 변인(방송매력성 동기와 정보추구 동기) 사이에 미치는 영향을 고정시킴으로써 양 변인 간의 엄밀한 상관관계를 구할 수 있게 해주는(우수명, 2013, 264쪽) 통계기법이다.

### 4) 실습 과제

홈페이지(https://blog.naver.com/solid8181/220964688838) '2. 스마트폰 중독 데이터'를 사용하시오.

(1) 다중 상관관계 분석

문 1. 연령과 스마트폰 중독, 스마트폰 이용동기(정보성 동기, 오락 동기, 과시 동기) 사이의 상관관계를 구하시오.

영가설:

연구가설:

분석 결과:

Correlations

| 구분 | | 연령 | 중독 점수 | 정보성 동기 | 오락 동기 | 과시 동기 |
|---|---|---|---|---|---|---|
| 연령 | Pearson Correlation | | | | | |
| | Sig. (2-tailed) | | | | | |
| | N | | | | | |
| 중독 점수 | Pearson Correlation | | | | | |
| | Sig. (2-tailed) | | | | | |
| | N | | | | | |
| 정보성 동기 | Pearson Correlation | | | | | |
| | Sig. (2-tailed) | | | | | |
| | N | | | | | |
| 오락 동기 | Pearson Correlation | | | | | |
| | Sig. (2-tailed) | | | | | |
| | N | | | | | |
| 과시 동기 | Pearson Correlation | | | | | |
| | Sig. (2-tailed) | | | | | |
| | N | | | | | |

**. Correlation is significant at the 0.01 level (2-tailed)
*. Correlation is significant at the 0.05 level (2-tailed)

스마트폰 중독 점수와 상관관계가 가장 큰 변인을 쓰시오:

스마트폰 중독 점수와 상관관계가 가장 작은 변인을 쓰시오:

문 2. 스마트폰 중독 점수와 스마트폰 사용 기간 사이의 상관계수를 구하시오.

영가설:

연구가설:

분석 결과:

Correlations

| 구분 | | 중독 점수 | 사용 기간 |
|---|---|---|---|
| 중독 점수 | Pearson Correlation | | |
| | Sig. (2-tailed) | | |
| | N | | |
| 사용 기간 | Pearson Correlation | | |
| | Sig. (2-tailed) | | |
| | N | | |

**. Correlation is significant at the 0.01 level (2-tailed)

결과 해석:

문 3. 스마트폰 중독 점수와 스마트폰 사용 기간 사이의 상관계수를 구하시오. 단, 연령을 통제한 상태에서 스마트폰 중독 점수와 스마트폰 사용 기간 사이의 상관계수를 구하시오.

영가설:

연구가설:

분석 결과:

Correlations

| Control Variables | | | 사용 기간 | 중독 점수 |
|---|---|---|---|---|
| 연령 | 사용 기간 | Correlation | | |
| | | Significance (2-tailed) | | |
| | | df | | |
| | 중독 점수 | Correlation | | |
| | | Significance (2-tailed) | | |
| | | df | | |

결과 해석:

문 4. 문제 2번과 문제 3번 결과에는 어떠한 차이가 있는가? 그러한 차이가 나타나게
된 원인은 무엇인가?

---

**강의 정리**

1. 상관관계 분석은 무엇인지 설명하시오.

2. 단순 상관관계 분석과 편 상관관계 분석의 차이에 대해 설명하시오.

3. 상관계수의 크기에 대해 설명하시오. 높은 상관계수, 중간 정도의 상관계수, 낮은
   상관계수의 범위를 설명하시오.

| 10 | 회귀분석의 이해 |
|---|---|

## 1) 개념

### (1) 회귀분석의 정의

회귀분석(Regression Analysis)은 변인 A가 변인 B에 미치는 영향을 확인하기 위한 통계기법이다. 보다 구체적으로 회귀분석은 등간척도나 비율척도로 구성된 하나 내지는 둘 이상의 독립변인이 등간척도나 비율척도로 구성된 하나의 종속변인에 미치는 영향력을 분석하기 위한 통계기법을 의미한다.

### (2) 상관관계 분석 vs 회귀분석

회귀분석이 상관관계 분석과 다른 점은 상관관계 분석의 경우 변인 A와 변인 B 사이의 시간적 선행관계 혹은 인과관계가 성립되지 않는다는 점에 있다. 상관관계 분석에서 변인 A와 B는 상호 간에 영향을 주고받는다. 따라서 기호로는 다음과 같이 표시할 수 있다. A ↔ B

반면, 회귀분석에서 변인 A와 B는 명확하게 시간적 선행관계와 인과관계가 성립한다. 회귀분석에서 변인 A는 변인 B에 비해 항상 시간적으로 우선되는 변인이어야 하고, 영향을 주는 변인이어야 한다. 따라서 기호로는 다음과 같이 표시할 수 있다. A → B.

예를 들어보자. 연구자 A는 청소년들의 폭력성에 영향을 미치는 원인이 무엇인지 확인하고 싶어 한다. 이에 다양한 자료들을 검색하다 보니 폭력물(영화. 드라마 등)을 많이 시청할수록 청소년들의 폭력성이 높아진다는 중복 연구물을 발견하게 되었다. 이 경우 연구자 A는 '폭력물 시청이 폭력성에 영향을 미칠 것이다'라는 가설을 세우고 회귀분석을 통해 연구결과를 도출할 수 있다. 반면, 연구자 A와 같은 학술적 호기심을 가지고 있는 연구자 B의 자료 검색결과는 A와는 조금 달랐다고 가정해보자. 연구자 B 역시 연구자 A와 같이 폭력물 시청량이 많을수록 폭력성이 높아진다는 연구결과를 찾아냈지만, 폭력성이 높은 사람이 폭력물 시청량이 많다는 연구결과도 찾아냈다. 즉 연구자 B는 폭력물 시청과 폭력성 문제는 시간적으로 선행하는 변인을 규정할 수 없다는 판단을 하게 되었다. 아울러 무엇이 원인이 되는 변인이고(독립변인), 무엇이 결과가 되는 변인인지(종속변인) 확인하기 어렵다고 판단하였다. 이 경우 연구자 B는 '폭력물 시청과 폭력성 사이에는 정적인 상관관계가 있을 것이다'라는 가설을 세우고 상관관계 분석을 통해 연구결과를 도출할 수 있다.

(3) 회귀분석의 종류

사회과학 논문에서 주로 활용되는 회귀분석의 종류에는 단순 회귀분석, 다중 회귀분석, 위계적 회귀분석, 로지스틱 회귀분석 등이 있다. 단순 회귀분석은 하나의 독립변인이 하나의 종속변인에 미치는 영향을 분석할 때 활용하는 분석 방법이다. 다중 회귀분석은 둘 이상의 독립변인이 하나의 종속변인에 미치는 영향을 분석할 때 활용하는 분석 방법이다. 위계적 회귀분석은 여러 개의 독립변인을 속성별로 구분하고, 이전의 속성이 통제되었을 때 순수한 후속 변인의 설명력을 확인하기 위한 분석 방법이다.

(4) 회귀분석의 표현

회귀분석의 공식 Y=a(상수)+BX(독립변인 1)+CX(독립변인 2)+e(오차)

위의 공식은 독립변인이 B와 C, 2개인 상황에서의 선형 회귀분석의 공식을 의미한다. 여기에서 Y는 종속변인이다. B와 C는 독립변인이다. 따라서 위에 제시한 회귀분석 공식은 다중 회귀분석의 식을 의미하는 것이다. Y가 커지기 위해서는 독립변인이 많아져야 한다. 독립변인이 무수히 많다면 언젠가는 Y와 유사한 값을 가지게 될 것이다. 다만 사회과학 연구에서는 무수히 많은 독립변인을 투입하여 Y를 설명하기보다는 Y에 대한 설명력이 높은 변인 몇 가지만을 찾아내어 Y를 예측해내는 일을 더욱 가치 있다고 여긴다. 예컨대 아젠(Ajzen)이라는 학자에 의해 고안된 계획행동이론(Theory of Planned Behavior)은 태도, 주관적 규범, 인지된 행위통제라는 3가지 독립변인만으로 인간의 사회문화적 행동의도를 예측할 수 있다고 가정하고 있다. 무수히 많은 독립변인을 투입하여 종속변인을 예측해 내는 일은 아무나 할 수 있는 일이다. 이는 사회과학의 영역을 벗어난다. 사회과학자는 개념적으로 명확하게 규정된 몇 가지 독립변인만으로 종속변인을 예측할 수 있는 이론(이론에 기반한 연구, 이론을 창출하는 행동)을 지향할 필요가 있다.

예를 들어 저자인 이정기라는 사람의 사회문화적 행동 결정요인에 대해 분석하고자 하는 연구자가 있다고 가정해보자. 이성희라는 연구자는 이정기를 종속변인 Y로 설정했다. 그리고 참여관찰 등을 통한 조사결과 그와 가장 가까운 아내 황우넘을 독립변인으로 고려한다면 그의 사회문화적 행동을 보다 잘 이해해낼 수 있을 것이라고 판단했다. 연구자는 '이정기의 행동=a+황우넘의 증언X+e'라는 회귀식을 세웠다. 그러나 황우넘만으로 이정기의 사회문화적 행동을 설명해내기에는 어려움이 있었다. 한 사람의 행동을 그의 아내의 증언만으로 예측해낼 수는 없을 것이다. 이정기라는 사람의 행동을 보다 잘 이해하기 위해서는 그를 키워준 부모님(이명원, 배선옥)과 가족들의 증언이 필요하고, 친구들의 증언이 필요할 것이다. 이정기의 환경(경제수준, 교육수준)도 이정기의 행동을 이해하는 데 큰 역할을 하게 될 것이다. 그렇다면 연구자 이성희는 '이정기의 행동=a+황우넘의 증언X+부모님(이명원, 배선옥)의 증언X+가족의 증언X+친구의 증언X+환경(경제수준, 교육수준)'이라는 회귀식을 세울 때, 이정기의 행동을 보다 잘 예측해 낼 수 있을 것이다. 이는 일반적으로 단순 회귀분석보다는 다중 회귀분석이 종속변인을 보다 잘 설명해낼 수 있다는 점을 보여준다.

**연구문제의 표현 1:** 독립변인 A는 종속변인 B에 어떠한 영향을 미치는가?
**연구가설의 표현 1:** 독립변인 A는 종속변인 B에 정적인 영향을 미칠 것이다.

일반적으로 회귀분석의 연구문제와 연구가설은 위에 기술한 것과 같이 표현한다. 회귀분석 시 반드시 알아야 할 개념으로는 $R^2$(R Square)과 β(beta)가 있다. 여기서 $R^2$은 설명력이나 결정계수로 번역된다. 종속변인에 대한 독립변인의 설명력이 $R^2$이다. $R^2$가 1이면 독립변인이 종속변인의 100%를 설명한다는 의미다. 그리고 만약 $R^2$=.38이라면, 독립변인이 종속변인의 38%를 설명할 수 있다는 의미이고, $R^2$=0이라면, 독립변인이 종속변인을 0% 설명한다(설명하지 못한다)는 의미다. 따라서 회귀분석에서 $R^2$은 1에 가까우면 가까울수록 종속변인을 설명하는 힘이 크다고 볼 수 있다. 한편, $R^2$과 함께 기억해두어야 할 개념으로는 수정된 $R^2$(Adjusted R Square)라는 개념이 있다. 이 개념은 자유도를 고려하여 모집단의 결정계수를 추정한 값(우수명, 2013, 329쪽)을 의미한다. 두 값에 큰 차이는 없으나 논문이나 보고서에 기록할 때는 기록된 $R^2$값이 $R^2$인지 수정된 $R^2$값인지를 독자들이 판단할 수 있도록 일관적으로 기록할 필요가 있다.

아울러 β는 회귀계수로 번역된다. 회귀분석의 개별 독립변인이 종속변인에 미치는 상대적 영향력의 크기를 보여주는 것이 회귀계수다. 1에 가까울수록 상대적 설명력이 크다고 볼 수 있다. 독립변인 가운데 베타값의 수치가 크고, 작은 것이 있다고 한다면, 베타값이 큰 것이 종속변인에 대한 설명력이 상대적으로 큰 것이라고 보면 된다.


### 2) 단순, 다중 회귀분석 방법과 사례


#### (1) SPSS 분석 방법
회귀분석 조건: 독립변인으로 팟캐스트 이용동기(대안언론 동기, 휴식 동기, 시간 보내기 동기, 정보추구 동기, 이동성 동기, 방송매력성 동기)를 투입하고, 종속변인으로 (팟캐스트 광고상품) 검색의도 지수를 투입하여 영향관계를 분석하는 다중 회귀분석 상황

#### 회귀분석 절차:
① 상단메뉴의 Analyze → Regression → Linear 클릭
② Independent에 독립변인 투입(1개 이상), Dependent에 종속변인 투입(1개)

③ Method의 Enter/Stepwise 선택 (Enter 방식이 일반적)

④ OK 클릭 후 분석 결과 확인(단, 다중공선성이 의심될 경우 Statistics 창의 Collinearity diagnostics 를 선택하여 분석 결과 확인)*

## 그림으로 보는 회귀분석 방법:

**다중 회귀분석 1**

다중 회귀분석을 위한 초기 화면, Analyze → Regression → Linear까지의 과정을 보여준다. Linear 버튼을 클릭하면, 아래 화면이 나타난다.

---

\* 여기에서 Method의 Enter란? 모든 독립변수를 동시에 투입하는 방식. Stepwise란? 독립변수의 유의도에 따라 최적화되도록 투입되는 방식, 독립변수 투입이 많아지면 다중공선성 문제가 유발될 가능성이 높음. 이런 문제를 개선하고 오차를 줄일 수 있도록 해주는 방법이 Stepwise(우수명, 2013, 338쪽). 다만, 사회과학 논문에서는 일 반적으로 Enter 방식을 선호함. Enter 방식의 경우 다중공선성의 문제가 유발될 수 있음. 이 경우 다중공선성 분석을 해야 함. 다중공선성 분석 시 허용도(Tolerance)와 분산팽창인자(VIF)를 확인해야 함. 허용도의 경우 모든 수치가 0.1 이상일 때, 분산팽창인자의 경우 10을 넘기 않을 때, 다중공선성의 문제가 없는 것으로 봄(이정기, 2016). 독립변인이 여러 개인 다중 회귀분석이나 위계적 회귀분석 전, 다중공선성 분석을 수행한 후 다음과 같은 문장을 추가한다면, 다중공선성의 문제에서 자유로울 수 있음. "본격적인 위계적 회귀분석에 앞서 모든 유형, 모든 단계에 걸쳐 다중공선성 문제를 확인했다. 검증결과 분산팽창인자(VIF)의 범위가 1.02~3.92로 기준치인 10을 넘기 않았고, 공차한계(Tolerance)의 범위가 .28~.87로 0.1 이상인 것으로 나타났다. 즉 다중공선성의 문제는 없는 것으로 나타났다." 만약 다중공선성상의 문제가 발견된다면, 문제가 있는 변수를 제거한 후 다시 분석하거나 Stepwise 방식을 사용한 회귀분석을 할 필요성이 있음(우수명, 2013, 340쪽).

**다중 회귀분석 2**

화면 왼쪽 창에는 연구자가 설문한 모든 변인이 나타난다. Dependent에는 그중 종속변인을 찾아 넣는다. 아울러 Independent(S)에는 2개 이상의 (다중 회귀분석이므로) 독립변인을 찾아 넣는다. Method는 Enter(진입) 방식을 유지한다. 그 후 오른쪽 가장 위쪽에 위치한 Statistics 버튼을 누른다.

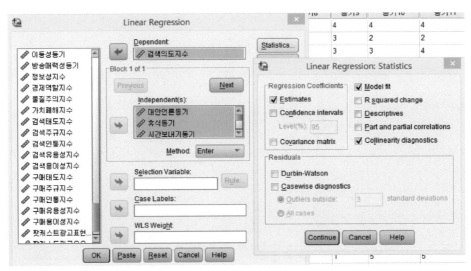

**다중 회귀분석 3**

위의 단계에서 Statistics 버튼을 누른 이유는 다중공선성 분석을 위한 옵션에 체크하기 위해서다. 새롭게 나타난 네모 상자 안의 오른쪽 부분에 위치한 Collineaity diagnostics를 체크하고, Continue 버튼을 누르면, 이후 결과 화면에서 다중공선성 분석 결과를 함께 볼 수 있다. 만약, 다중공선성성 분석(회귀분석시 독립변인 간의 상관관계가 강하게 나타나는 문제를 해결하기 위한 분석)을 굳이 할 필요가 없는 연구자라면, 이 단계는 건너뛰어도 된다. 모든 과정이 완료되면, OK 버튼을 클릭한다. 이후 화면에서 다중 회귀분석 결과를 확인할 수 있다.

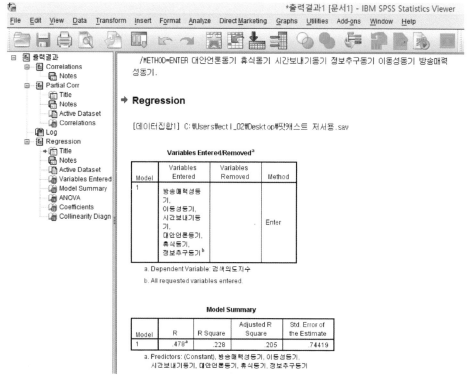

**다중 회귀분석 4**
다중 회귀분석 결과 창의 모습이다.

(2) 분석 사례

### ① 단순 회귀분석

SPSS를 통해 단순 회귀분석을 하면 다음과 같은 표들이 나타난다. 표의 본격적인 해석에 앞서, 본 회귀분석의 연구문제와 연구가설을 설정해보자.

**연구문제:** 팟캐스트 이용빈도는 팟캐스트 광고상품 검색의도에 어떠한 영향을 미치는가?

**연구가설:** 팟캐스트 이용빈도는 팟캐스트 광고상품 검색의도에 정적인 영향을 미칠 것이다. 즉 팟캐스트 이용빈도가 높을수록 팟캐스트 광고상품 검색의도가 높아질 것이다.

Model Summary

| Model | R | R Square | Adjusted R Square | Std. Error of the Estimate |
|---|---|---|---|---|
| 1 | .170[a] | .029 | .024 | .82436 |

a. Predictors: (Constant), 팟캐스트 빈도

위에 제시한 표는 전체 회귀모델의 모형을 요약한 표다. 여기에서 주목해야 할 수치는 $R^2$과 수정된 $R^2$이다. 표를 살펴보면, 설명계수 $R^2$=.029다. 아울러 수정된 설명계수 $R^2$=.024다. 이는 팟캐스트 이용빈도라는 독립변인이 팟캐스트 광고상품 검색의도라는 종속변인의 2.9%, 또는 수정된 설명량 기준 2.4%를 설명한다는 점을 보여준다.

ANOVA[a]

| Model | | Sum of Squares | df | Mean Square | F | Sig. |
|---|---|---|---|---|---|---|
| 1 | Regression | 4.079 | 1 | 4.079 | 6.003 | .015[b] |
| | Residual | 136.593 | 201 | .680 | | |
| | Total | 140.672 | 202 | | | |

a. Dependent Variable: 검색의도 지수
b. Predictors: (Constant), 팟캐스트 빈도

다만 전체 회귀모델의 모형이 유의미한 것인지 확인하기 위해서는 위에 제시한 ANOVA 표를 읽어야 한다. ANOVA 표에서 주목해야 할 수치는 F값의 유의성(Sig.)이다. 위의 표를 보면, F값은 6.003인데, 유의수준이 .015로 사회과학에서의 일반적인 유의도 기준치인 .05보다 작다(P〈.05). 따라서 앞서 제시한 회귀모델은 통계적으로 유의미하다고 설명될 수 있다. 만약, F값의 유의도가 .15였다고 가정해보자. 이 경우 유의수준 P값이 기준치인 .05보다 크다(P〉.05). 이 경우 회귀모델이 유의미하지 않다는 의미다. 따라서 다

음 단계의 표를 읽을 필요가 없이 회귀분석 결과는 성립하지 않는 것이 된다.

Coefficients[a]

| Model | | Unstandardized Coefficients | | Standardized Coefficients | t | Sig. |
|---|---|---|---|---|---|---|
| | | B | Std. Error | Beta | | |
| 1 | (Constant) | 2.712 | .231 | | 11.756 | .000 |
| | 팟캐스트 빈도 | .246 | .100 | .170 | 2.450 | .015 |

a. Dependent Variable: 검색의도 지수

회귀모델이 유의미하다는 사실을 확인했고, 설명량까지 확인했다면, Coefficients 표를 해석해주어야 한다. 이 표에서 주목해야 할 수치는 표준화된 회귀계수 β(beta)다. 비표준화된 회귀계수에 대한 정보도 포함되어 있지만 사회과학 논문에서는 일반적으로 표준화된 회귀계수를 확인한다. 여기에서 팟캐스트 빈도의 β=.170이다. 다만, 베타값을 확인했다면, 팟캐스트 빈도라는 변인이 유의미한지 확인해야 한다. 확인 결과 팟캐스트 빈도의 유의수준이 .015로 나타났다. 이는 팟캐스트 이용빈도의 유의수준이 사회과학 연구의 일반적인 기준치인 .05보다 작은 것으로 95% 유의수준에서 유의미하다는 사실을 확인케 한다($p < .05$). 결과적으로 팟캐스트 이용빈도는 팟캐스트 광고상품 검색의도에 정적인 영향을 미친다는 사실을 확인할 수 있다. 다만 설명량은 2.9%로 높은 편은 아니라는 사실 또한 확인할 수 있다. 그럼에도 이 경우 팟캐스트 이용빈도가 팟캐스트 광고상품 검색의도에 정적인 영향을 미칠 것이라는 연구가설은 지지된다는 사실을 확인할 수 있다.

한편, 만약 이 표에서 β값이 −.170이었다고 가정해보자. t값과 유의수준은 모두 동일하다고 가정해보자. 이 경우 팟캐스트 이용빈도는 팟캐스트 광고상품 검색의도에 부적 (−)인 영향을 미치는 것이 된다. 팟캐스트 이용빈도가 높을수록 팟캐스트 광고상품 검색의도가 낮아지는 결과로 해석할 수 있다. 일반적으로 A와 B 변인 사이의 관계가 정적이라면, A가 높아지면 B가 높아지는 관계를, A와 B 변인 사이의 관계가 부적이라면, A가 높아지면 B가 낮아지는 관계를 의미한다고 보면 된다.

② 다중 회귀분석

SPSS를 통해 다중 회귀분석을 하면 다음과 같은 표들이 나타난다. 표의 본격적인 해석에 앞서, 본 회귀분석의 연구문제와 연구가설을 설정해보자.

**연구문제:** 팟캐스트 이용동기는 팟캐스트 광고상품 검색의도에 어떠한 영향을 미치는가?

**연구가설:** 팟캐스트 이용동기는 각각 팟캐스트 광고상품 검색의도에 정적인 영향을 미칠 것이다. 또는 팟캐스트 이용동기는 팟캐스트 광고상품 검색의도에 차별적인 영향을 미칠 것이다.

Model Summary

| Model | R | R Square | Adjusted R Square | Std. Error of the Estimate |
|-------|------|----------|-------------------|----------------------------|
| 1 | .478[a] | .228 | .205 | .74419 |

a. Predictors: (Constant), 방송매력성 동기, 이동성 동기, 시간 보내기 동기, 대안언론 동기, 휴식 동기, 정보추구 동기

위에 제시한 표는 전체 다중 회귀모델의 모형을 요약한 표다. 여기에서 주목해야 할 수치는 $R^2$과 수정된 $R^2$이다. 표를 살펴보면, 설명계수 $R^2 = .228$이다. 아울러 수정된 설명계수 $R^2 = .205$다. 이는 팟캐스트 이용동기라는 독립변인들이 팟캐스트 광고상품 검색의도라는 종속변인의 22.8%, 또는 수정된 설명량 기준 20.5%를 설명한다는 점을 보여준다.

ANOVA[a]

| Model | | Sum of Squares | df | Mean Square | F | Sig. |
|---|---|---|---|---|---|---|
| 1 | Regression | 32.123 | 6 | 5.354 | 9.667 | .000[b] |
| | Residual | 108.550 | 196 | .554 | | |
| | Total | 140.672 | 202 | | | |

a. Dependent Variable: 검색의도 지수
b. Predictors: (Constant), 방송매력성 동기, 이동성 동기, 시간 보내기 동기, 대안언론 동기, 휴식 동기, 정보추구 동기

다만 전체 회귀모델의 모형이 유의미한 것인지 확인하기 위해서는 위에 제시한 ANOVA 표를 읽어야 한다. ANOVA 표에서 주목해야 할 수치는 F값의 유의성(Sig.)이다. 위의 표를 보면, F값은 9.667인데, 유의수준이 .000으로 사회과학에서의 일반적인 유의도 기준치인 .05보다 작다(P<.001). 따라서 앞서 제시한 회귀모델은 통계적으로 유의미하다고 설명될 수 있다.

Coefficients[a]

| Model | | Unstandardized Coefficients | | Standardized Coefficients | t | Sig. |
|---|---|---|---|---|---|---|
| | | B | Std. Error | Beta | | |
| 1 | (Constant) | 1.211 | .286 | | 4.228 | .000 |
| | 대안언론 동기 | .092 | .066 | .107 | 1.401 | .163 |
| | 휴식 동기 | .186 | .095 | .161 | 1.957 | .052 |
| | 시간보내기 동기 | -.031 | .076 | -.030 | -.408 | .683 |
| | 정보추구 동기 | .028 | .091 | .026 | .311 | .756 |
| | 이동성 동기 | .198 | .056 | .236 | 3.531 | .001 |
| | 방송매력성 동기 | .205 | .077 | .204 | 2.650 | .009 |

a. Dependent Variable: 검색의도 지수

회귀모델이 유의미하다는 사실을 확인했고, 설명량까지 확인했다면, Coefficients 표를 해석해주어야 한다. 이 표에서 주목해야 할 수치는 표준화된 회귀계수 β(beta)다. 비표준화된 회귀계수에 대한 정보도 포함되어 있지만 사회과학 논문에서는 일반적으로 표준

화된 회귀계수를 확인한다. 여기에서 대안언론 동기의 $\beta=.107$이다. 다만 대안언론 동기의 유의수준은 .163으로 사회과학에서의 기준치인 .05보다 크다. 이 경우 대안언론 동기는 팟캐스트 광고상품 검색의도에 유의미한 영향을 미치지 않는다고 해석한다. 휴식 동기의 경우 $\beta=.161$이다. 다만, 휴식 동기의 유의수준은 .052로 기준치인 .05보다 크다. 따라서 이 경우 휴식 동기 역시 팟캐스트 광고상품 검색의도에 유의미한 영향을 미치지 않는다고 해석한다. 시간 보내기 동기와 정보추구 동기도 유의수준이 .005보다 크므로 종속변인에 영향을 미치지 않는다. 반면, 정보추구 동기의 $\beta=.236$이다. 아울러 유의수준은 .001로 기준치인 .05보다 작다. 따라서 이 경우 정보추구 동기는 팟캐스트 광고상품 검색의도에 정적인 영향을 미친다고 해석한다. 아울러 방송매력성 동기의 $\beta=.204$다. 아울러 유의수준은 .009로 기준치인 .05보다 작다. 따라서 이 경우 방송매력성 동기는 팟캐스트 광고상품 검색의도에 정적인 영향을 미친다고 해석한다.

결과적으로 팟캐스트 이용동기를 구성하는 6개 변인 가운데, 팟캐스트 광고상품 검색의도에 영향을 미치는 변인은 단 2개(이동성, 방송매력성)에 불과하다. 다만, 이 2개 변인 가운데 이동성 동기의 $\beta$값이 방송매력성 동기의 $\beta$값에 비해 크다. 따라서 이동성 동기가 방송매력성 동기에 비해 종속변인에 더욱 큰 영향을 미친다고 해석할 수 있다.


(3) 논문 사례

아래에 제시한 논문 사례(문장과 표)는 광고연구, 110호에 게재된 이정기(2016)의 논문에서 활용된 실제 회귀분석 사례를 조금 수정(문장과 데이터)한 후에 제시한 것이다. 다중 회귀분석과 위계적 회귀분석 사례의 경우 별도의 참고문헌 표기 없이 활용하였음을 밝힌다. 논문 사례에서 제시된 표와 문장은 사회과학 영역의 실제 논문이나 보고서에서 직접 활용되는 방식이다. 본 챕터에서는 앞서 제시한 회귀분석 결과가 어떻게 논문화되는지를 확인할 수 있다.


① 단순 회귀분석

결과의 기술: 단순 회귀분석을 통해 팟캐스트 이용빈도가 팟캐스트 광고상품 검색의도에 미치는 영향을 확인하였다. 그 결과 팟캐스트 이용빈도($\beta = .17$, $p < .05$)는 팟캐스트 광고상품 검색의도에 정적인 영향을 미치는 것으로 나타났다. 설명력은 2.9%였다.

〈팟캐스트 이용빈도가 팟캐스트 광고상품 검색의도에 미치는 영향〉

| 구분 | Standardized regression coefficient (Beta) |
|---|---|
| | 검색의도 |
| 팟캐스트 이용빈도 | .170 |
| F | 6.003* |
| 설명량(수정된 $R^2$) | .029 |

*p<.05

해석: 단순 회귀분석 결과다. 팟캐스트 이용빈도가 독립변인이고, 팟캐스트 광고상품 검색의도가 종속변인이다. F값이 6.003인데, P값이 .05보다 작은 것으로 나타났다. 따라서 단순 회귀분석의 회귀모델은 95% 유의수준에서 유의미하다. 아울러 수정된 $R^2$은 .029로 독립변인은 종속변인에 2.9%를 설명하는 것으로 나타났다. 결과적으로 팟캐스트 이용빈도가 많을수록 팟캐스트 광고상품 검색의도가 높아진다는 점을 확인할 수 있다. 다만, 설명량은 2.9%로 매우 낮은 수준인 것을 확인할 수 있다. 만약 팟캐스트 광고상품 검색의도에 대한 설명량을 높이기 위해서는 새로운 독립변인들을 발견하여 추가하려는 노력이 필요하다.

## ② 다중 회귀분석

결과의 기술: 다중 회귀분석을 통해 팟캐스트 이용동기를 구성하는 6개 변인이 팟캐스트 광고상품 검색의도에 미치는 영향을 확인하였다. 그 결과 이동성($\beta = .24$, $p < .01$), 방송매력성($\beta = .20$, $p < .01$)만이 정적 영향을 미치는 것으로 나타났다. 설명력은 20.5%였다. 다만, 대안언론, 휴식, 시간 보내기, 정보추구 동기는 팟캐스트 광고상품 검색의도에 유의미한

영향을 미치지 않았다.

〈팟캐스트 이용동기가 팟캐스트 광고상품 검색의도에 미치는 영향〉

| 구분 | | Standardized regression coefficient (Beta) |
| --- | --- | --- |
| | | 검색의도 |
| 팟캐스트 이용동기 | 대안언론 | .107 |
| | 휴식 | .161 |
| | 시간 보내기 | -.030 |
| | 정보추구 | .026 |
| | 이동성 | .236** |
| | 방송매력성 | .204** |
| F | | 9.667*** |
| 설명량(수정된 $R^2$) | | .205 |

**p<.01, ***p<.001

해석: 팟캐스트를 왜 이용하는지를 의미하는 팟캐스트 이용동기는 총 6가지로 구분된다. 이러한 팟캐스트 이용동기가 팟캐스트 광고상품 검색의도에 어떠한 영향을 미치는지 확인하기 위한 다중 회귀분석 결과다. F값이 9.667인데, P값이 .001보다 작은 것으로 나타났다. 따라서 다중 회귀분석 모델은 99.9% 유의수준에서 유의미하다. 다만, 이동성과 방송매력성 동기만이 P값이 0.1보다 작은 것으로 나타났다. 따라서 이동성과 방송매력성 동기만 팟캐스트 광고상품 검색의도에 정적인 영향을 미치는 것으로 나타났다. 대안언론 동기 등 다른 동기들의 경우 P값이 .05보다 커서 유의미하지 않은 것으로 나타났다. 결과적으로 팟캐스트의 이동성 동기가 높을수록, 팟캐스트의 방송매력성 동기가 높을수록 팟캐스트 광고상품 검색의도가 높아진다는 사실을 확인할 수 있다. 아울러 수정된 $R^2$은 .205로 독립변인은 종속변인의 20.5%를 설명하고 있는 것으로 나타났다.

### 3) 위계적 회귀분석 방법과 사례

(1) SPSS 분석 방법

**위계적 회귀분석 조건:** 독립변인으로 팟캐스트 이용동기(대안언론 동기, 휴식 동기, 시간 보내기 동기, 정보추구 동기, 이동성 동기, 방송매력성 동기)를 투입하고, 종속변인으로(팟캐스트 광고상품) 검색의도 지수를 투입하여 영향관계를 분석하는 상황

**위계적 회귀분석 절차:**

① 상단메뉴의 Analyze → Regression → Linear 클릭

② Independent에 독립변인 투입(1개 이상) 후 Block의 Next 클릭, 위계적 회귀분석 단계 수만큼 같은 행위 반복

③ Dependent에 종속변인 투입(1개)

④ Method의 Enter/Stepwise 선택(Enter 방식이 일반적)

⑤ OK 클릭 후 분석 결과 확인(단, 다중공선성이 의심될 경우 Statistics 창의 Collinearity diagnostics 를 선택하여 분석 결과 확인)

**그림으로 보는 위계적 회귀분석 방법:**

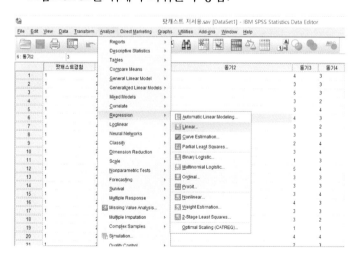

**위계적 회귀분석 1**
위계적 회귀분석을 위한 초기 화면, Analyze → Regression → Linear까지의 과정을 보여준다. Linear 버튼을 클릭하면, 아래 화면이 나타난다. 여기까지는 다중 회귀분석의 과정과 동일하다.

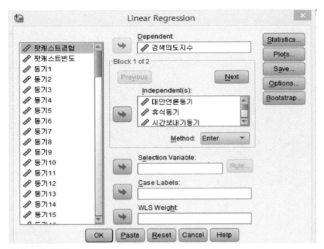

**위계적 회귀분석 2**

화면 왼쪽 창에는 연구자가 설문한 모든 변인이 나타난다. Dependent에는 그중 종속변인을 찾아 넣는다. 아울러 Independent(S)에는 위계적 회귀분석의 1단계에 투입하고자 정해놓은 1개 이상의 독립변인을 찾아 넣는다. Method는 Enter(진입) 방식을 유지한다. 여기까지도 다중 회귀분석의 과정과 동일하다.

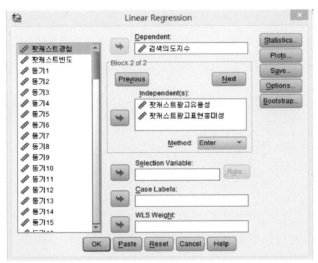

**위계적 회귀분석 3**

다음은 위계적 회귀분석의 2단계에 투입할 변인을 찾아 넣어야 한다. 그림을 보면, Independent(S) 윗부분에 Previous와 Next라는 메뉴를 확인할 수 있다. Next를 누르면 다음 단계의 독립변인들을 투입할 공간이 나타난다. 그리고 Previous라는 메뉴 위에 위치한 Block 지정 문구가 Block 2 of 2로 변경되어 나타난다. 이곳에 위계적 회귀분석의 2단계에 투입할 변인을 넣으면 된다. 만약 위계적 회귀분석의 단계가 2단계보다 많다면, Next 버튼을 누른 후 설명했던 행위를 반복하면 된다. 모든 독립변인 투입이 완료되었다면, 오른쪽 가장 위쪽에 위치한 Statistics 버튼을 누른다. 그 경우 다중공선성을 확인하기 위한 새로운 창이 나타난다.

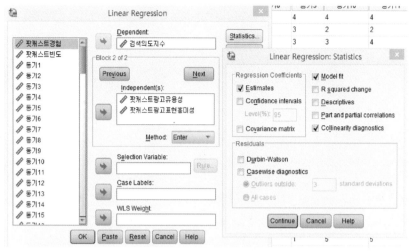

**위계적 회귀분석 4**

위의 단계에서 Statistics 버튼을 누른 이유는 다중공선성 분석을 위한 옵션에 체크하기 위해서다. 새롭게 나타난 네모 상자 안의 오른쪽 부분에 위치한 Collineaity diagnostics를 체크하고, Continue 버튼을 누르면, 이후 결과 화면에서 다중공선성 분석 결과를 함께 볼 수 있다. 만약, 다중공선성 분석을 굳이 할 필요가 없는 연구자라면, 이 단계는 건너뛰어도 된다. 모든 과정이 완료되면, OK 버튼을 클릭한다. 이후 화면에서 다중 회귀분석 결과를 확인할 수 있다.

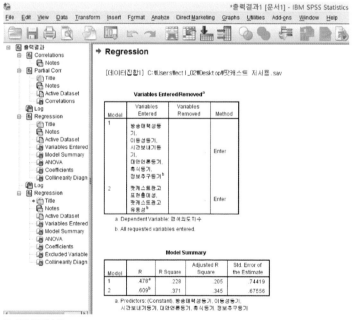

**위계적 회귀분석 5**

위계적 회귀분석 결과 창의 모습이다.

(2) 분석 사례

SPSS를 통해 위계적 회귀분석을 하면 다음과 같은 표들이 나타난다. 표의 본격적인 해석에 앞서, 본 회귀분석의 연구문제와 연구가설을 설정해보자.

**연구문제:** 팟캐스트 이용동기, 팟캐스트 광고 인식, 계획행동이론 변인은 팟캐스트 광고상품 검색의도에 어떠한 영향을 미치는가?

**연구가설:** 팟캐스트 이용동기, 팟캐스트 광고 인식, 계획행동이론 변인은 팟캐스트 광고상품 검색의도에 정적 영향을 미칠 것이다(각 변인이 종속변인에 개별적으로 어떠한 영향을 미치는지 구분하여 각각 연구가설을 만들어도 됨).

Model Summary

| Model | R | R Square | Adjusted R Square | Std. Error of the Estimate |
|---|---|---|---|---|
| 1 | .466[a] | .217 | .205 | .74403 |
| 2 | .596[b] | .356 | .339 | .67839 |
| 3 | .761[c] | .580 | .562 | .55213 |

a. Predictors: (Constant), 방송매력성 동기, 이동성 동기, 휴식 동기
b. Predictors: (Constant), 방송매력성 동기, 이동성 동기, 휴식 동기, 팟캐스트 광고표현 흥미성, 팟캐스트 광고 유용성
c. Predictors: (Constant), 방송매력성 동기, 이동성 동기, 휴식 동기, 팟캐스트 광고표현 흥미성, 팟캐스트 광고 유용성, 검색의통(인지된 행위통제) 지수, 검색주규(주관적 규범) 지수, 검색태도 지수

위에 제시한 표는 전체 위계적 회귀모델의 모형을 요약한 표다. 일반 다중 회귀분석과 달리 Model이 3개 나와 있다. 이는 위계적 회귀분석에서 연구자가 설정한 단계의 수다. 모델 1의 수정된 $R^2$은 .205고, 모델 2의 수정된 $R^2$은 .339, 모델 3의 수정된 $R^2$은 .562라는 사실을 확인할 수 있다. 이는 모델 1에 투입한 팟캐스트 이용동기가 종속변인의 20.5%를 설명하며, 모델 2에 투입한 팟캐스트 광고 인식 변인은 종속변인에 13.4%의 추가적 설명력을 가지며(2단계 전체 설명량 33.9%-1단계 이용동기만의 설명량 20.5%), 모델 3에 투입한 계획행동이론 변인은 종속변인에 22.3%의 추가적 설명력을 가진다는 점(3단계 전체 설명량 56.2%-2단계까지의 설명량 33.9%)을 보여준다.

ANOVA<sup>a</sup>

| | Model | Sum of Squares | df | Mean Square | F | Sig. |
|---|---|---|---|---|---|---|
| 1 | Regression | 30.509 | 3 | 10.170 | 18.371 | .000<sup>b</sup> |
| | Residual | 110.163 | 199 | .554 | | |
| | Total | 140.672 | 202 | | | |
| 2 | Regression | 50.010 | 5 | 10.002 | 21.733 | .000<sup>c</sup> |
| | Residual | 90.663 | 197 | .460 | | |
| | Total | 140.672 | 202 | | | |
| 3 | Regression | 81.532 | 8 | 10.191 | 33.431 | .000<sup>d</sup> |
| | Residual | 59.140 | 194 | .305 | | |
| | Total | 140.672 | 202 | | | |

a. Dependent Variable: 검색의도 지수

b. Predictors: (Constant), 방송매력성 동기, 이동성 동기, 휴식 동기

c. Predictors: (Constant), 방송매력성 동기, 이동성 동기, 휴식 동기, 팟캐스트 광고표현 흥미성, 팟캐스트 광고 유용성

d. Predictors: (Constant), 방송매력성 동기, 이동성 동기, 휴식 동기, 팟캐스트 광고표현 흥미성, 팟캐스트 광고 유용성, 검색인통 지수, 검색주규 지수, 검색태도 지수

다만 전체 회귀모델의 모형이 유의미한 것인지 확인하기 위해서는 위에 제시한 ANOVA 표를 읽어야 한다. ANOVA 표에서 주목해야 할 수치는 F값의 유의성(Sig.)이다. 위의 표를 보면, 1단계 모델의 F값은 18.371인데, 유의수준이 .000으로 사회과학에서의 일반적인 유의도 기준치인 .05보다 작다(P⟨.001). 따라서 앞서 제시한 1단계 회귀모델은 통계적으로 유의미하다고 설명될 수 있다. 아울러 2단계 모델의 F값은 21.733인데, 유의수준은 .000으로 사회과학에서의 일반적인 유의도 기준치인 .05보다 작다(P⟨.001). 따라서 앞서 제시한 2단계 회귀모델은 통계적으로 유의미하다고 설명될 수 있다. 마지막으로 3단계 모델의 F값은 33.431인데, 유의수준은 .000으로 사회과학에서의 일반적인 유의도 기준치인 .05보다 작다(P⟨.001). 따라서 앞서 제시한 3단계 회귀모델은 통계적으로 유의미하다고 설명될 수 있다.

Coefficients<sup>a</sup>

| Model | | Unstandardized Coefficients | | Standardized Coefficients | t | Sig. |
|---|---|---|---|---|---|---|
| | | B | Std. Error | Beta | | |
| 1 | (Constant) | 1.353 | .264 | | 5.125 | .000 |
| | 휴식 동기 | .187 | .084 | .162 | 2.220 | .028 |
| | 이동성 동기 | .198 | .055 | .236 | 3.583 | .000 |
| | 방송매력성 동기 | .252 | .070 | .252 | 3.596 | .000 |
| 2 | (Constant) | .503 | .286 | | 1.763 | .079 |
| | 휴식 동기 | .027 | .081 | .023 | .333 | .739 |
| | 이동성 동기 | .181 | .051 | .216 | 3.569 | .000 |
| | 방송매력성 동기 | .203 | .066 | .203 | 3.104 | .002 |
| | 팟캐스트 광고 유용성 | .267 | .073 | .255 | 3.662 | .000 |
| | 팟캐스트 광고표현 흥미성 | .261 | .078 | .223 | 3.352 | .001 |
| 3 | (Constant) | -.260 | .246 | | -1.056 | .292 |
| | 휴식 동기 | .025 | .067 | .022 | .378 | .706 |
| | 이동성 동기 | .091 | .042 | .108 | 2.149 | .033 |
| | 방송매력성 동기 | .160 | .054 | .159 | 2.947 | .004 |
| | 팟캐스트 광고 유용성 | .214 | .062 | .204 | 3.439 | .001 |
| | 팟캐스트 광고표현 흥미성 | .094 | .067 | .081 | 1.409 | .160 |
| | 검색태도 지수 | .190 | .070 | .186 | 2.723 | .007 |
| | 검색 주관적 규범 지수 | -.041 | .060 | -.042 | -.674 | .501 |
| | 검색 인지된 행위통제지수 | .408 | .058 | .418 | 7.048 | .000 |

a. Dependent Variable: 검색의도 지수

　　회귀모델이 유의미하다는 사실을 확인했고, 설명량까지 확인했다면, Coefficients 표를 해석해주어야 한다. 이 표에서 주목해야 할 수치는 표준화된 회귀계수 β(beta)다. 우선 1단계 모델에 투입된 팟캐스트 이용동기 변인들, 즉 휴식 동기(β=.16, p⟨.05), 이동성 동기(β=.24, p⟨.001), 방송매력성 동기(β=.25, p⟨.001)는 모두 팟캐스트 광고상품 검색의도에 정적인

영향을 미치고 있음을 확인할 수 있다. 다만, 팟캐스트 이용동기 가운데 가장 높은 설명력을 보이는 것은 방송매력성 동기이며, 이동성 동기, 휴식 동기 순으로 팟캐스트 광고상품 검색의도에 영향을 미친다는 사실을 확인할 수 있다.

2단계 모델에는 이전 단계에 투입된 팟캐스트 이용동기와 함께 2단계에서 새롭게 투입된 팟캐스트 광고 인식 변인이 동시에 투입되었을 때 각 변인이 종속변인에 어떠한 영향을 미치는지에 대한 결과를 확인할 수 있다. 분석 결과에 따르면 휴식 동기는 종속변인에 유의미한 영향을 미치지 않았다($\beta$=.03, p>.05). 다만, 이동성 동기($\beta$=.22, p<.001), 방송매력성 동기($\beta$=.20, p<.01)는 여전히 팟캐스트 광고상품 검색의도에 정적인 영향을 미쳤다. 아울러 팟캐스트 광고 유용성 인식($\beta$=.26, p<.001), 팟캐스트 광고표현 흥미성($\beta$=.22, p<.01) 역시 팟캐스트 광고상품 검색의도에 정적인 영향을 미쳤다는 사실을 확인할 수 있다. 팟캐스트 이용동기와 팟캐스트 광고 인식 변인 중 종속변인에 가장 큰 영향을 미치는 변인은 팟캐스트 광고 유용성 변인이라는 사실 또한 확인할 수 있다. 주목할 만한 점은 팟캐스트 이용동기 중 휴식 동기의 경우 1단계에서는 유의미한 영향을 미쳤지만, 2단계에서는 유의미한 영향을 미치지 않았다는 것이다. 이처럼 독립적으로는 종속변인에 영향을 미쳤던 변인이 다른 변인과의 유기적 관계 속에서는(다른 변인과 동시에 투입되었을 때) 유의미한 영향을 미치지 않는 경우가 종종 발생한다. 이는 위계적 회귀분석을 수행하지 않고, 팟캐스트 이용동기와 팟캐스트 광고 인식을 동시에 투입하여 다중 회귀분석을 수행했더라면 알 수 없는 결과이다. 이처럼 개별 속성별 효과와 타 변인과의 유기적 관계 속 효과를 동시에 확인할 수 있다는 것이 위계적 회귀분석이 가진 장점이라고 하겠다.

3단계 모델에는 이전 단계에서 투입되었던 팟캐스트 이용동기, 팟캐스트 광고 인식 변인과 함께 계획행동이론 변인을 투입하였다. 그 결과 계획행동이론의 인지된 행위통제($\beta$=.42, p<.001), 팟캐스트 광고 인식의 팟캐스트 광고 유용성($\beta$=.20, p<.01), 계획행동이론의 태도($\beta$=.19, p<.01), 팟캐스트 이용동기의 방송매력성 동기($\beta$=.16, p<.01), 이동성 동기($\beta$=.11, p<.05)의 순으로 팟캐스트 광고상품 검색의도라는 종속변인에 영향을 미친다는 사실을 확인할 수 있다. 휴식 동기와 팟캐스트 광고표현 흥미성 동기, 주관적 규범은 종속변인에 유의미한 영향을 미치지 않았다.

(3) 논문 사례

**결과의 기술:** 팟캐스트 광고 검색의도 결정요인을 위계적 회귀분석을 통해 확인하였다. 그 결과 1단계에 투입한 변인 가운데 이동성($\beta$=.24, p<.001), 방송매력성($\beta$=.25, p<.001)이 팟캐스트 광고 검색의도에 정적인 영향을 미쳤다. 설명력은 20.5%였다. 2단계에 투입한 팟캐스트 광고 인식 변인 가운데 팟캐스트 광고의 특성 인식($\beta$=.26, p<.001), 팟캐스트 광고 표현에 대한 인식($\beta$=.22, p<.01)이 팟캐스트 광고 검색의도에 정적인 영향을 미쳤다. 추가적 설명력은 13.4%였다. 3단계에 투입한 계획행동 이론 변인 가운데 태도($\beta$=.19, p<.01), 인지된 행위통제($\beta$=.42, p<.001)가 팟캐스트 광고 검색의도에 정적인 영향을 미쳤다. 추가적 설명력은 22.3%였다.

결과적으로 위계적 회귀분석의 최종 단계에서 팟캐스트 이용동기 중 이동성($\beta$=.11, p<.05), 방송매력성($\beta$=.16, p<.01), 팟캐스트 광고 인식 변인 가운데 팟캐스트 광고의 특성 인식($\beta$=.21, p<.05), 계획행동이론 변인 가운데 태도($\beta$=.19, p<.01), 인지된 행위통제($\beta$=.42, p<.001) 변인이 팟캐스트 광고 검색의도에 정적인 영향을 미쳤다. 이는 자신의 의지에 의해 팟캐스트 광고상품을 검색할 수 있다는 인식이 강할수록, 자신이 팟캐스트 광고상품에 대한 긍정적 인식을 가지고 있을수록, 팟캐스트 광고가 유용하다고 인식할수록, 팟캐스트 방송이 매력 있다고 믿을수록, 팟캐스트를 언제, 어디서든 이용할 수 있어서 이용하는 동기가 높을수록 팟캐스트 광고상품 검색의도가 높아짐을 의미하는 것이다.

〈팟캐스트 광고상품 검색의도 결정요인(위계적 회귀분석 결과)〉

| 구분 | | Standardized regression coefficient (Beta) | | |
|---|---|---|---|---|
| | | 1단계 | 2단계 | 3단계 |
| 팟캐스트 이용동기 | 휴식 | .162 | .023 | .022 |
| | 이동성 | .236*** | .216*** | .108* |
| | 방송매력성 | .252*** | .203** | .159** |
| 팟캐스트 광고 인식 | 광고의 특성 인식 | | .255*** | .204** |
| | 광고표현에 대한 인식 | | .223** | .081 |

| 구분 | | Standardized regression coefficient (Beta) | | |
|---|---|---|---|---|
| | | 1단계 | 2단계 | 3단계 |
| 계획행동<br>이론변인 | 태도 | | | .186** |
| | 주관적 규범 | | | -.042 |
| | 인지된 행위통제 | | | .418*** |
| F | | 18.371*** | 21.733*** | 33.431*** |
| 설명량(수정된 $R^2$) | | .205 | .339 | .562 |

+p<.1, *p<.05, **p<.01, ***p<.001

**해석:** 팟캐스트 이용동기를 구성하는 3개 변인, 팟캐스트 광고 인식을 구성하는 2개 변인, 계획행동이론 변인을 구성하는 3개 변인을 각각 독립변인으로 팟캐스트 광고상품 검색의도를 종속변인으로 한 위계적 회귀분석 결과다. 위계적 회귀분석에는 단계별로 투입될 변인군을 구성하는 것이 중요하다. 이 논문에는 종속변인인 팟캐스트 광고상품 검색의도에 영향을 미칠 것이라고 판단되는 독립변인으로 팟캐스트 이용동기라는 팟캐스트 자체의 특성을 구성하는 변인과 팟캐스트 광고 인식과 계획행동이론 변인이라는 팟캐스트 광고의 특성을 구성하는 변인을 설정한 후 3단계의 위계적 회귀분석을 수행했다. 그 결과 팟캐스트 이용동기가 투입된 1단계에서의 수정된 $R^2$은 20.5%였다. 다만, 팟캐스트 광고 인식이 투입된 2단계에서의 수정된 $R^2$은 33.9%였다. 즉 팟캐스트 광고 인식 변인이 종속변인에 미치는 추가적 설명력은 13.4%라는 사실을 확인할 수 있다. 아울러 계획행동이론 변인이 투입된 3단계에서의 수정된 $R^2$은 .562였다. 즉 계획행동이론 변인이 종속변인에 미치는 추가적 설명력은 22.3%였다. 결과적으로 최종단계에서의 수정된 $R^2$은 .562다. 즉 팟캐스트 이용동기, 이용, 팟캐스트 광고 인식, 계획행동이론 변인이 투입되었을 때, 독립변인들은 종속변인의 56.2%를 설명한다. 이는 1차례의 다중회귀분석을 통해서도 충분히 파악할 수 있다. 그럼에도 불구하고 위계적 회귀분석을 하는 이유는 이전 단계가 통제되었을 때 이후 단계의 순수한 설명력을 확인할 수 있기 때문이다.

## 4) 실습 과제

홈페이지(https://blog.naver.com/solid8181/220964688838) '2. 스마트폰 중독 데이터'를 사용하시오.

## (1) 단순회귀분석

문 1. 연령이 스마트폰 중독 점수에 미치는 영향을 확인하시오.


영가설:



연구가설:



분석 결과:

| 구분 | 표준화된 회귀계수 |
|:---:|:---:|
| 연령 | |
| F | |
| 설명량(수정된 $R^2$) | |


결과 해석:

문 2. 연령과 사용 기간이 스마트폰 중독 점수에 미치는 영향을 확인하시오.

영가설:

연구가설:

분석 결과

| 구분 | 표준화된 회귀계수 |
| --- | --- |
| 연령 | |
| 사용 기간 | |
| F | |
| 설명량(수정된 $R^2$) | |

결과 해석:

(2) 위계적 회귀분석

문 1. 인구통계적 속성(연령, 사용 기간), 스마트폰 이용동기(정보성 동기, 오락 동기, 과시 동기)가 스마트폰 중독 점수에 어떠한 영향을 미치는지 확인하시오. 위계적 회귀분석의 1단계는 인구통계적 속성, 2단계는 스마트폰 이용동기 변인을 투입할 것.

영가설:


연구가설:


분석 결과:

| 구분 | | 표준화된 회귀계수 | |
|---|---|---|---|
| | | 1단계 | 2단계 |
| 속성 | 연령 | | |
| | 사용 기간 | | |
| 이론 | 정보성 동기 | | |
| | 오락 동기 | | |
| | 과시 동기 | | |
| F | | | |
| 설명량(수정된 $R^2$) | | | |


결과 해석:


---

**강의 정리**

1. 회귀분석은 무엇이며, 왜 사용하는지 설명하시오.

2. 상관관계 분석과 회귀분석의 차이점을 설명하시오.

3. 단순, 다중, 위계적 회귀분석의 특성과 차이점에 대해 설명하시오.

| Part 4. | 최종 실습 |
|---------|----------|

홈페이지(https://blog.naver.com/solid8181/220964688838) '3. 팟캐스트 정치 실습용 데이터'를 사용하시오.

## 1. 신뢰도 분석, 합산평균 지수, 평균값 분리하기

1) 정치신뢰는 총 8개 변인으로 측정되었다. 8개 변인의 신뢰도를 구하시오.

Reliability Statistics

| Cronbach's Alpha | N of Items |
|---|---|
|  |  |

2) 정치신뢰의 신뢰도 분석 후 8개의 구성 변인 중 삭제시 신뢰도를 높일 수 있는 변인을 1개만 찾아 변인의 명과 삭제시의 신뢰도를 쓰시오.

a. 변인명:

b. 삭제시 신뢰도:

Reliability Statistics

| Cronbach's Alpha | N of Items |
|---|---|
|  |  |

3) 정치신뢰에 대한 합산평균 지수를 구하시오. 단 정치신뢰 변인 8개 중 2)번 문제에서 삭제된 변인 1개를 제외한 7개 변인만을 분석에 활용하시오.

Statistics
정치신뢰지수

| | | |
|---|---|---|
| N | Valid | |
| | Missing | |
| Mean | | |
| Std. Deviation | | |

4) 3)번에서 구성된 정치신뢰 지수의 평균값 분리를 통해 저정치신뢰 집단과 고정치신뢰 집단의 N수(사례 수)와 빈도, 평균과 표준편차를 각각 제시하시오.

정치신뢰지수 사례 수(N), %

| | | Frequency | Percent | Valid Percent | Cumulative Percent |
|---|---|---|---|---|---|
| Valid | 저정치신뢰 | | | | |
| | 고정치신뢰 | | | | |
| | Total | | | | |
| Missing | System | | | | |
| Total | | | | | |

정치신뢰지수 평균, 표준편차

| 구분 | 평균 | 표준편차 |
|---|---|---|
| 저정치신뢰 집단 | | |
| 고정치신뢰 집단 | | |

## 2. 성별(여성 0, 남성 1)에 따른 정치성향의 차이를 확인하시오.

a. 영가설:

b. 연구가설:

c. 분석결과:

Group Statistics

| 구분 | 성별 | N | Mean | Std. Deviation | Std. Error Mean |
|------|------|---|------|----------------|-----------------|
| 정치성향 | 여성 | | | | |
| | 남성 | | | | |

Independent Samples Test

| 구분 | | Levene's Test for Equality of Variances | | t-test for Equality of Means | | |
|------|------|------|------|------|------|------|
| | | F | Sig. | t | df | Sig. (2-tailed) |
| 정치성향 | Equal variances assumed | | | | | |
| | Equal variances not assumed | | | | | |

d. 결과해석:

**3. 학년(1~4학년)에 따른 정치참여(지수)도의 차이를 확인하시오.**

1) 학년에 따른 온라인 정치참여(지수)도에 차이가 있는지 확인하시오

조건: 학년 데이터를 데이터 클리닝하시오. 기타와 잘 못 코딩된 데이터는 모두 삭제한 후 분석하시오.

a. 영가설

b. 연구가설

c. 분석결과

Descriptives
온라인정치참여지수

| 구분 | N | Mean | Std. Deviation |
|------|---|------|----------------|
| 1학년 | | | |
| 2학년 | | | |
| 3학년 | | | |
| 4학년 | | | |
| Total | | | |

ANOVA
온라인정치참여지수

| 구분 | Sum of Squares | df | Mean Square | F | Sig. |
|---|---|---|---|---|---|
| Between Groups | | | | | |
| Within Groups | | | | | |
| Total | | | | | |

d. 결과해석

※ 분석결과 95%유의수준에서 유의미한 차이가 있을 경우 Scheffe 방식의 사후검증
을 하시오

2) 학년에 따른 오프라인 정치참여(지수)도에 차이가 있는지 확인하시오

조건: 학년 데이터 데이터 클리닝하시오. 기타와 잘 못 코딩된 데이터는 모두 삭제하
시오.

a. 영가설

b. 연구가설

c. 분석결과

Descriptives
온라인정치참여지수

| 구분 | N | Mean | Std. Deviation |
|---|---|---|---|
| 1학년 | | | |
| 2학년 | | | |
| 3학년 | | | |
| 4학년 | | | |
| Total | | | |

ANOVA
온라인정치참여지수

| 구분 | Sum of Squares | df | Mean Square | F | Sig. |
|---|---|---|---|---|---|
| Between Groups | | | | | |
| Within Groups | | | | | |
| Total | | | | | |

d. 결과해석

※ 분석결과 90% 유의수준에서 유의미한 차이가 있을 경우 Scheffe 방식 사후검증을 하시오

## 4. 팟캐스트 이용 의도지수가 다른 변인들과 상관관계가 있는지 확인하시오.

1) 팟캐스트 이용 의도지수와 팟캐스트 이용 태도지수가 어떠한 관련이 있는지 확인하시오.

a. 영가설

b. 연구가설

c. 분석결과

Descriptives

| | | 의도지수 | 태도지수 |
|---|---|---|---|
| 의도지수 | Pearson Correlation | | |
| | Sig. (2-tailed) | | |
| | N | | |
| 태도지수 | Pearson Correlation | | |
| | Sig. (2-tailed) | | |
| | N | | |

**. Correlation is significant at the 0.01 level (2-tailed).

d. 결과해석

2) 팟캐스트 이용 의도지수, 태도지수, 주관적규범지수, 인지행위통제지수의 사이에
어떠한 상호 관련성이 있는지 확인하시오

a. 영가설

b. 연구가설

c. 분석결과

Correlations

| | | 의도지수 | 태도지수 | 주관적규범지수 | 인지행위통제지수 |
|---|---|---|---|---|---|
| 의도지수 | Pearson Correlation | | | | |
| | Sig. (2-tailed) | | | | |
| | N | | | | |
| 태도지수 | Pearson Correlation | | | | |
| | Sig. (2-tailed) | | | | |
| | N | | | | |
| 주관적규범지수 | Pearson Correlation | | | | |
| | Sig. (2-tailed) | | | | |
| | N | | | | |
| 인지행위통제지수 | Pearson Correlation | | | | |
| | Sig. (2-tailed) | | | | |
| | N | | | | |

**. Correlation is significant at the 0.01 level (2-tailed).
*. Correlation is significant at the 0.05 level (2-tailed).

d. 결과해석

3) 팟캐스트 이용 의도지수, 태도지수, 주관적규범지수, 인지행위통제지수의 상관관계를 구하시오. 그리고 가장 낮은 상관관계를 보이는 변인과 변인, 가장 높은 상관관계를 보이는 변인과 변인을 기술하시오.

가장 낮은 상관관계:


가장 높은 상관관계:

## 5. 성향적 인터넷 라디오 이용동기를 구성하는 12개 항목을 요인분석하시오.

조건: 아래 표는 귀하가 성향적 인터넷 라디오를 청취하는 이유에 대한 설문이다.

| 구분 | | 전혀 그렇지 않다 | 조금 그렇지 않다 | 보통 이다 | 조금 그렇다 | 매우 그렇다 |
|---|---|---|---|---|---|---|
| 성향적 인터넷 라디오 이용동기 | 성향 동기 1. 새로운 아이디어를 얻기 위해 | ① | ② | ③ | ④ | ⑤ |
| | 성향 동기 2. 필요한 것을 배우기 위해 | ① | ② | ③ | ④ | ⑤ |
| | 성향 동기 3. 내게 주어진 임무를 잘 수행하기 위해 | ① | ② | ③ | ④ | ⑤ |
| | 성향 동기 4. 세상 돌아가는 일을 알기 위해 | ① | ② | ③ | ④ | ⑤ |
| | 성향 동기 5. 인간적 유대 관계를 맺는데 도움이 되기 때문에 | ① | ② | ③ | ④ | ⑤ |
| | 성향 동기 6. 다른 사람들과 잘 어울릴 수 있기 위해 | ① | ② | ③ | ④ | ⑤ |
| | 성향 동기 7. 다른 사람의 삶에 대해 잘 알기 위해 | ① | ② | ③ | ④ | ⑤ |
| | 성향 동기 8. 즐거운 시간을 보내려고 | ① | ② | ③ | ④ | ⑤ |
| | 성향 동기 9. 지루하지 않게 시간을 보내려고 | ① | ② | ③ | ④ | ⑤ |
| | 성향 동기 10. 재미를 추구하고자 | ① | ② | ③ | ④ | ⑤ |
| | 성향 동기 11. 세상 사람들에게 중요하게 보이고 싶어서 | ① | ② | ③ | ④ | ⑤ |
| | 성향 동기 12. 다른 사람들에게 잘 보이기 위해 | ① | ② | ③ | ④ | ⑤ |

1) 위의 표를 참고해서 아래 성향적 인터넷 라디오 이용동기 표를 작성하시오.

성향적 인터넷 라디오 이용동기

| 구분 | 구성성분 | | |
|---|---|---|---|
| | 요인 1 | 요인 2 | 요인 3 |
| 1요인명: | | | |
| | | | |
| | | | |
| | | | |
| 2요인명: | | | |
| | | | |
| | | | |
| 3요인명: | | | |
| | | | |
| | | | |
| 고유값(아이겐값) | | | |
| 설명된 변량 | | | |
| 누적된 변량 | | | |

2) 도출된 3가지 항목을 지수로 구성하시오.

| 구분 | 평균 | 표준편차 | 신뢰도 |
|---|---|---|---|
| 1요인명: | | | |
| 2요인명: | | | |
| 3요인명: | | | |

## 6. 팟캐스트 이용의도(지수)에 영향을 미치는 변인을 찾으시오.

### 1) 단순회귀분석

문1. 팟캐스트에 대한 태도(태도지수)가 팟캐스트 이용의도(의도지수)에 어떠한 영향을 미치는지 확인하시오.

a. 영가설

b. 연구가설

c. 분석결과

Model Summary

| Model | R | R Square | Adjusted R Square | Std. Error of the Estimate |
|---|---|---|---|---|
| 1 | | | | |

a. Predictors: (Constant), 태도지수

ANOVA[b]

| Model | | Sum of Squares | df | Mean Square | F | Sig. |
|---|---|---|---|---|---|---|
| 1 | Regression | | | | | |
| | Residual | | | | | |
| | Total | | | | | |

a. Predictors: (Constant), 태도지수
b. Dependent Variable: 의도지수

Coefficients[a]

| Model | | Unstandardized Coefficients | | Standardized Coefficients | t | Sig. |
|---|---|---|---|---|---|---|
| | | B | Std. Error | Beta | | |
| 1 | (Constant) | | | | | |
| | 태도지수 | | | | | |

a. Dependent Variable: 의도지수

단순 회귀분석 결과(논문 형식 표)

| 구분 | 표준화된 회귀계수 | | |
|---|---|---|---|
| | | | |
| F | | | |
| 설명량(수정된 $R^2$) | | | |

d. 결과해석

2) 다중회귀분석

문1 팟캐스트에 대한 태도(지수), 주관적규범(지수), 인지된행위통제(지수)가 팟캐스트 이용의도(지수)에 어떠한 영향을 미치는지 확인하시오.

a. 영가설

## b. 연구가설




## c. 분석결과


Model Summary

| Model | R | R Square | Adjusted R Square | Std. Error of the Estimate |
|-------|---|----------|-------------------|----------------------------|
| 1 |   |          |                   |                            |

a. Predictors: (Constant), 인지행위통제지수, 주관적규범지수, 태도지수


ANOVA[b]

| Model |  | Sum of Squares | df | Mean Square | F | Sig. |
|-------|------------|----------------|----|-------------|---|------|
| 1 | Regression |  |  |  |  |  |
|   | Residual   |  |  |  |  |  |
|   | Total      |  |  |  |  |  |

a. Predictors: (Constant), 인지행위통제지수, 주관적규범지수, 태도지수
b. Dependent Variable: 의도지수


Coefficients[a]

| Model |  | Unstandardized Coefficients | | Standardized Coefficients | t | Sig. |
|-------|------------|---|------------|------|---|------|
|       |            | B | Std. Error | Beta |   |      |
| 1 | (Constant) |   |            |      |   |      |
|   | 태도지수    |   |            |      |   |      |
|   | 주관적규범지수 |   |          |      |   |      |
|   | 인지행위통제지수 |   |         |      |   |      |

a. Dependent Variable: 의도지수

다중회귀분석 결과(논문 형식 표)

| 구분 | 표준화된 회귀계수 |
|------|-------------------|
|  |  |
|  |  |
|  |  |
| F |  |
| 설명량(수정된 $R^2$) |  |

d. 결과해석

3) 위계적 회귀분석

문1 인구통계적 속성(연령, 성별), 계획행동이론 변인(태도, 주관적규범, 인지된 행위통제)이 팟캐스트 이용의도에 어떠한 영향을 미치는지 확인하시오. 위계적 회귀분석의 1단계는 속성, 2단계는 계획행동이론 변인을 투입할 것.

a. 영가설

b. 연구가설

## c. 분석결과

### Model Summary

| Model | R | R Square | Adjusted R Square | Std. Error of the Estimate |
|-------|---|----------|-------------------|----------------------------|
| 1 | | | | |
| 2 | | | | |

a. Predictors: (Constant), 성별, 연령
b. Predictors: (Constant), 성별, 연령, 인지행위통제지수, 주관적규범지수, 태도지수

### ANOVA[c]

| | Model | Sum of Squares | df | Mean Square | F | Sig. |
|---|-------|----------------|-----|-------------|---|------|
| 1 | Regression | | | | | |
| | Residual | | | | | |
| | Total | | | | | |
| 2 | Regression | | | | | |
| | Residual | | | | | |
| | Total | | | | | |

a. Predictors: (Constant), 성별, 연령
b. Predictors: (Constant), 성별, 연령, 인지행위통제지수, 주관적규범지수, 태도지수
c. Dependent Variable: 의도지수

Coefficients[a]

| Model | | Unstandardized Coefficients | | Standardized Coefficients | t | Sig. |
|---|---|---|---|---|---|---|
| | | B | Std. Error | Beta | | |
| 1 | (Constant) | | | | | |
| | 연령 | | | | | |
| | 성별 | | | | | |
| 2 | (Constant) | | | | | |
| | 연령 | | | | | |
| | 성별 | | | | | |
| | 태도지수 | | | | | |
| | 주관적규범지수 | | | | | |
| | 인지행위통제지수 | | | | | |

a. Dependent Variable: 의도지수

위계적 회귀분석 결과(논문 형식 표)

| 구분 | | 표준화된 회귀계수 | |
|---|---|---|---|
| | | 1단계 | 2단계 |
| 속성 | 연령 | | |
| | 성별 | | |
| 이론 | 태도 | | |
| | 주관적규범 | | |
| | 인지된행위통제 | | |
| F | | | |
| 설명량(수정된 $R^2$) | | | |

d. 결과해석

# 참고문헌

강주희(2010), 《SPSS 프로그램을 활용한 따라하는 통계분석》, 서울: 크라운 출판사.

김양분(2004), 《교육평가용어사전》, 서울: 학지사.

류성진(2013), 《커뮤니케이션 통계 방법》, 서울: 커뮤니케이션북스.

우수명(2013), 《마우스로 잡는 SPSS Statistics 20》, 서울: 인간과복지.

로저 D. 위머 · 조셉 R. 도미니크, 유재천 · 김동규 역(2009), 《매스미디어 연구방법론》, 서울: Cengage Learning.

이강원 · 손호웅(2016), 《지형 공간정보체계 용어사전》, 서울: 구미서관.

이정기(2017), 《이정기처럼 사회과학 논문 쓰기》, 서울: 커뮤니케이션북스.

이정기(2016), 〈팟캐스트 이용과 광고 인식, 계획행동이론 변인이 팟캐스트 광고효과에 미치는 영향: 광고상품 검색의도, 구매의도를 중심으로〉, 《광고연구》, 110호, 120~148쪽.

이정기 · 우형진(2010), 〈사이버 언어폭력 의도에 관한 연구: 사이버 명예훼손/모욕 행위 인식, 연령, 계획행동이론 변인을 중심으로〉, 《사이버커뮤니케이션학보》, 27권 1호, 215~253쪽.

http://terms.naver.com/entry.nhn?docId=1923871&cid=42125&categoryId=42125 두피디아(두산백과사전)a(2016.10.26.), 통계.

http://www.doopedia.co.kr/doopedia/master/master.do?_method=view&MAS_IDX=101013000734365 두피디아(두산백과사전)b(2016.10.26.), 통계.

http://www.doopedia.co.kr/doopedia/master/master.do?_method=view&MAS_IDX=101013000846275

http://terms.naver.com/entry.nhn?docId=3476345&cid=58439&categoryId=58439

## 이정기

동명대학교 광고PR학과 조교수다. 동 대학에서 커뮤니케이션, 광고론, SPSS 통계분석 방법 등을 강의하고 있다. 2013년 한양대학교 신문방송학과에서 박사학위를 받았다. 박사학위 논문의 제목은 〈온라인 뉴스 콘텐츠 유통융합모델 연구〉이다. 이 논문은 이론의 융합, 방법론의 융합, 패러다임의 융합을 시도한 논문으로 2013년 한양대학교 박사학위 우수논문에 선정된 바 있다.

2009년 10월 첫 논문이 출판된 이후 2022년 6월까지 KCI, SSCI, SCOPUS 등재저널에 120여 편의 논문을 게재했다. 주요 저서로는 《이정기처럼 사회과학 논문 쓰기》(2017), 《대한민국 표현자유의 현실》(2016), 《온라인 광고 이슈》(2016), 《온라인 대학 교육》(2015), 《계획행동이론, 미디어와 수용자의 이해》(2013) 등이 있다. 언론광고학 분야에서 가장 활발히 연구활동을 이어가고 있는 신진학자로 알려져 있다. 융합이론과 융합방법론을 활용한 실용적 미디어 정책(법제) 연구와 수용자 연구를 지향하지만 연구주제에는 제한을 두지 않고자 한다. 최근에는 온라인(스마트) 광고, 교육커뮤니케이션 영역에 대한 학술적 호기심을 가지고 있다.

2014년부터 근무하기 시작한 교수학습지원센터에서는 MOOC, Flipped Learning, Blended Learning 등 온라인 미디어 기반의 대학 교수방법론에 대해 연구하고 있다. 아울러 저자의 논문 작성 노하우에 기반하여 학부생, 대학원생들이 어렵지 않게 논문을 쓸 수 있도록 지도하는 교수방법론 개발을 위해 노력하고 있다. 이 책은 저자의 이러한 노력의 일환으로 《이정기처럼 사회과학 논문 쓰기》에 이은 두 번째 논문 쓰기 가이드북이다.

블로그 https://blog.naver.com/solid8181